国家科学技术学术著作出版基金资助出版

盐岩损伤自愈合特性

Damage and Self-healing Characteristics of Salt Rock

陈 结　范金洋　刘 伟　著

U0352573

北 京

冶金工业出版社

2022

内 容 提 要

本书系统介绍盐岩的损伤与自愈合特性，探究盐岩损伤愈合机理及影响因素。主要内容包括盐岩的基本特征与盐岩自愈合相关理论，盐岩裂纹扩展规律与损伤特征，盐岩损伤愈合细观行为特征，不同条件下盐岩的损伤愈合特性以及盐岩损伤与愈合之间的关系及盐岩损伤愈合本构模型等。

本书可作为盐穴储库建设、管理、研究人员的参考书，也可供高校相关专业师生参考。

图书在版编目（CIP）数据

盐岩损伤自愈合特性/陈结，范金洋，刘伟著. —北京：冶金工业出版社，2022.9

ISBN 978-7-5024-9262-5

Ⅰ.①盐⋯　Ⅱ.①陈⋯　②范⋯　③刘⋯　Ⅲ.①碳酸盐岩—裂缝（岩石）—创伤愈合　Ⅳ.①TE357

中国版本图书馆 CIP 数据核字（2022）第 157639 号

盐岩损伤自愈合特性

出版发行	冶金工业出版社	**电　话**	（010）64027926
地　　址	北京市东城区嵩祝院北巷 39 号	**邮　编**	100009
网　　址	www.mip1953.com	**电子信箱**	service@ mip1953.com

责任编辑　曾　媛　徐银河　美术编辑　彭子赫　版式设计　郑小利
责任校对　石　静　责任印制　窦　唯
北京捷迅佳彩印刷有限公司印刷
2022 年 9 月第 1 版，2022 年 9 月第 1 次印刷
710mm×1000mm　1/16；9.75 印张；190 千字；146 页
定价 **98.00** 元

投稿电话　（010）64027932　投稿信箱　tougao@cnmip.com.cn
营销中心电话　（010）64044283
冶金工业出版社天猫旗舰店　yjgycbs.tmall.com
（本书如有印装质量问题，本社营销中心负责退换）

作者简介

陈结，男，1984年生，湖南省邵阳市人，重庆大学资源与安全学院教授、博士生导师，国家自然科学基金优秀青年基金获得者，重庆市青年拔尖人才，重庆大学后备拔尖人才；获中国岩石力学与工程学会青年科技奖及全国高等学校矿业石油安全领域优秀青年人才、"唐立新奖教金"优秀科研教师奖等荣誉称号；担任重庆岩石力学与工程学会理事、中国岩石力学与工程学会青年工作委员会委员、中国有色金属学会矿山信息化智能化专业委员会委员。长期从事盐岩水溶采卤造腔及溶腔综合利用方面的基础研究工作，致力于层状盐岩采卤造腔一体化新技术开发、盐穴腔体长期安全性评价及盐岩溶腔综合利用。主持国家自然科学基金2项，国家重点研发项目子课题1项，博士后基金第八批特别支助1项，其他部委基金6项；作为研究骨干参与国家"973"计划项目课题、国家重大专项子课题、国家自然科学基金重点基金等项目。成果获教育部科技进步奖一等奖、中国石油和化工自动化行业科技奖二等奖、首届全国青年岩土力学与工程创新创业大赛二等奖。发表SCI/EI文章90余篇，论文曾获加拿大 Renewable Energy Global Innovations（国际能源创新组织）亮点论文奖，重庆市科协首届自然科学优秀科技论文奖。授权发明专利19项，软件著作权5项，出版专著2部。

前　言

　　盐岩因其渗透率低、蠕变性好、可水溶开采及损伤自愈合等优良特性，成为国内外公认的地下能源储备及放射性废料处置的理想储存介质。国内外学者针对利用地下盐穴进行石油天然气战略能源储备、压气蓄能电站、大规模液流电池储能电站及核废料地下处置等开展了广泛研究。我国盐矿资源丰富，地下井矿盐资源储量4.5万亿吨左右，井矿盐的年产量接近5000万吨，居世界第一位，每年采卤新增的地下盐穴空间达2000万立方米，这为我国战略能源储备及废物处置等提供了宝贵的地下空间资源。

　　盐穴储库的核心在于确保腔体的密闭性与稳定性，主要受两方面影响：（1）盐腔钻井及造腔过程中围岩蠕变损伤产生微裂隙；（2）损伤微裂隙的闭合与愈合效应。根据既有研究，损伤盐岩在常温、低压状态下即可发生愈合，且损伤愈合对盐岩的力学性质、渗透性等有显著影响，盐岩重结晶愈合能促进损伤盐岩的力学性能恢复及降低渗透性等作用。本书将呈现作者及团队多年对盐岩的损伤及自愈合特征的系统研究成果。

　　全书分为8章：第1章主要概述盐矿的形成机理、盐岩的物理力学特征，并介绍盐岩损伤愈合方面的研究进展；第2章对盐岩裂隙扩展规律进行系统研究；第3章通过超声波技术及声发射统计分析等技术，研究盐岩在盐穴建造期的损伤特征；第4章借用扫描电镜，分别对盐岩愈合细观表面特征、盐岩愈合结构辨别、盐岩裂隙愈合特征三个角度对盐岩愈合进行特征分析与规律总结；第 5~7 章分别研究盐岩在单轴、剪切、三轴压缩条件下产生的应力损伤及愈合行为，探讨了不同愈合环境对盐岩损伤愈合特性的影响；第 8 章从宏观角度介绍盐岩损伤与愈合的关系，并基于前期试验数据，建立盐岩损伤愈合的本构模型。

本书涉及的研究工作得到中国国家自然科学基金青年项目（51304256）及面上项目（41672292）、中国博士后科学基金（2013M540620、2015T80857）、重庆市青年拔尖人才培养计划等项目的支持。中国科学院武汉岩土力学研究所杨春和院士和重庆大学姜德义教授给予了作者长期的关心和指导，研究生康燕飞、刘剑兴、王雷、卢丹、李宗泽参加了相关研究工作，在此一并表示感谢。

岩石力学领域的研究内容非常丰富，限于作者的学识和水平，书中难免存在疏漏之处，敬请各位读者批评指正。

著　者

2022 年 2 月

目　　录

① 盐岩研究概况

⟨1.1⟩ 研究背景及意义

盐岩由于其具有低孔隙率、低渗透率、损伤自愈合及良好的流变性，被认为是能源储存和废弃物处置的理想介质。我国每年的盐岩开采形成的盐穴体积高达500万立方米，经过长年的累积，形成了数以万计的盐腔。对这些盐穴进行改造利用，不仅能获得大量的地下空间资源，也有助于保持盐穴稳定，防止地表塌陷等地质灾害。同时，盐穴储库有助于现代能源技术的发展。近年来，专家学者围绕盐穴进行了压缩空气储能发电及液流电池的研究，并由中盐金坛公司开展压缩空气储能项目的建设。在盐穴储库的建设和运营中，不可避免地存在盐穴的损伤变形，从而导致盐穴储库的整体失稳。盐岩的自愈合特性使得盐穴可以自发地修复已有的损伤，因此，研究盐岩的自愈合特性，对研究盐穴的长期稳定性及储库整体寿命预测具有重要意义。

⟨1.2⟩ 盐矿基本特征

1.2.1 盐矿的主要矿物成分

固体盐类矿床是由有关盐类矿物在一定地质作用下集中沉积而成的，在自然界形成的盐类矿物有很多种，主要盐类矿物约有 95 种。这些盐类矿物根据其化学成分的不同，可分为碳酸盐、硫酸盐、卤化物、硝酸盐和硼酸盐五大类。在盐岩矿床中常见的有碳酸盐——石灰岩（$CaCO_3$）、白云岩（$CaMg(CO_3)_2$）等，硫酸盐——石膏（$CaSO_4 \cdot 2H_2O$）、硬石膏（$CaSO_4$）、芒硝（$Na_2SO_4 \cdot 10H_2O$）、无水芒硝（Na_2SO_4）、钙芒硝（$Na_2SO_4 \cdot CaSO_4$）等，卤化物——盐岩（$NaCl$）、钾盐（KCl）、光卤石（$MgCl_2 \cdot KCl \cdot 6H_2O$）等，约 30 种。

就化学成分而论，组成盐类矿物的阳离子均系碱金属和碱土金属，如 Na^+、K^+、Li^+、Rb^+、Cs^+、Ca^{2+}、Mg^{2+}、Sr^{2+}、Ba^{2+} 等；阴离子为 Cl^-、SO_4^{2-}、CO_3^{2-}、BO_3^{3-}、NO_3^-、Br^-、IO_3^- 等。阴阳离子相互化合，组成各种单盐（由一种阴离子和阳离子组成，如 $NaCl$）和复盐（由两种以上的阴离子和阳离子组成，如 $Na_2SO_4 \cdot$

$CaSO_4$)。就化合物来讲，盐类矿物除卤化物外均为含氧盐，它们以无水化合物或含水化合物的形式出现。

1.2.2 盐矿的形成机理

固相盐类矿床一般是化学沉积生成的，目前公认的学说认为，固相盐类矿床处于封闭或半封闭的潟湖、海湾盆地和闭流盆地。这种潟湖、海湾盆地和闭流盆地可以是一个，也可以有若干个次一级的小盆地。在干旱气候条件下，当这些封闭盆地中的水分被蒸发浓缩而水面缩小，其含盐量不断增高而达到饱和时，便沉积下来形成各种盐类矿床。

在成盐过程中，盐类沉积与其所处的物理化学条件（温度、压力和浓度）有密切关系。温度改变，可形成不同的盐类矿物相，如温度在32.4℃以下时，硫酸钠生成含水芒硝（$Na_2SO_4 \cdot 10H_2O$），温度高于32.4℃时，形成无水芒硝（Na_2SO_4）。压力改变，析出的盐类矿物相也会改变，如硬石膏在外部压力减小的条件下（平均深度在100～150m以下），受地表水作用后即变成石膏。同样，不同矿物相的析出还和溶液中各组分的浓度有密切关系，在温度和压力不变的条件下，且溶液又处于封闭体系时，则不论是海洋水体还是大陆含盐盆地，随着溶液不断蒸发，浓度逐步提高而达到饱和时，其中溶解度小的盐类矿物先结晶析出，溶解度大者后结晶析出，结晶顺序依次是：碳酸盐—硫酸盐—氯化物（王清明，2003）。

1.2.3 盐矿的成岩时代及分布规律

根据国内外的有关材料记载（王清明，1979），在全世界范围内，从震旦纪起，几乎每个时代都有盐类沉积。出现盐岩沉积的时代有：震旦纪（如我国四川），寒武纪（如前苏联的西伯利亚地台、巴基斯坦的盐岭），泥盆纪（如前苏联、加拿大），石炭纪（如加拿大、美国），二叠纪（如前苏联、波兰、英国、法国、美国），三叠纪（如欧洲的德国、法国、英国，北非的突尼斯、阿尔及利亚，中国的西南部），侏罗纪（如中亚，中欧，南、北美洲的局部地区），第三纪（如前苏联、中欧、南欧、北非、西亚、北美），第四纪（主要是亚洲，北非，南、北美洲西部的内陆盐湖沉积）。其中主要成盐时代是泥盆纪、二叠纪、三叠纪、第三纪和第四纪。

在我国各个地质时代都发现有石膏，但主要的成盐时代是：震旦纪和三叠纪沉积海相盐岩矿床；侏罗纪、白垩纪、第三纪形成陆相盐岩矿床；第四纪广布现代盐湖。我国三叠纪形成的盐岩矿床（如四川的长山、罗城、南充盐矿）就是海相沉积盐岩矿床。第三纪形成的内陆湖相沉积盐岩矿床分布很广，规模很大，如湖北的潜江、应城、隔蒲盐矿，湖南的衡阳、澧县盐矿，江西的清江、周田盐矿。

⟨1.3⟩　盐岩的物理力学特征

1.3.1　关于盐岩

盐岩常用以表示由石盐组成的岩石。盐岩，化学成分为氯化钠，属等轴晶系六八面体晶类的卤化物。单晶体呈立方体，在立方体晶面上常有阶梯状凹陷，集合体常呈粒状或块状。纯净的盐岩无色透明，含杂质时呈浅灰、黄、红、黑等色，玻璃光泽，易溶于水，味咸，焰色反应黄色。盐岩是典型的化学沉积成因的矿物，在盐湖或潟湖中与钾石盐和石膏共生，常见的共生矿物有石膏、硬石膏、钙芒硝、无水芒硝、天青石、方解石、白云石、光卤石、钾石盐、杂卤石、天然碱等。

盐岩矿石按品位可分为 3 类：富矿石，NaCl 含量大于 85%；中等矿石，NaCl 含量为 50%~85%；贫矿石，NaCl 含量为 20%~50%。层状盐岩即盐系具有明显的沉积韵律。

与国外的盐丘不同，我国盐岩大部分为层状，其基本特点是盐岩层数多，单层厚度薄，含盐岩地层的不可溶解性夹层众多，因此盐岩（层）的力学性质比较复杂。如湖北省应城的盐岩矿床赋存在下第三纪云龙群含膏盐组第三段之中，共分出 14 个含盐带。盐岩-钙芒硝-硬石膏、钙芒硝-盐岩、盐岩-硬石膏与赭色粉砂质黏土岩和灰蓝色黏土岩互层，组成盐组。每个盐组厚 1~9m，单层厚 5~10cm，层间距 10~45cm。各地组数不一，约 8~24 组。岩组间距 2~5m，为赭色岩所隔，形成明显的旋回构造。

1.3.2　盐岩的物理化学特性

盐岩呈玻璃光泽，风化表面或潮解后呈油脂光泽，贝壳状断口，性脆，硬度 2~2.6，密度 2.1~2.2g/cm³。易溶于水，20℃时溶解度为 36，易潮解，味咸，有凉感。不导电，摩擦发光，焰色浓黄。熔点为 801℃，沸点为 1413℃，在 1000℃时其可塑性很强，当温度、压力升高超过其临界点时软化，产生塑性变形，形成软流（固体流）。盐岩的晶体结构如图 1-1 所示。

1.3.3　盐岩的孔隙特征

由于盐岩晶体结构的致密性与长期地质作用，除非在受到外界力学损伤情况下盐岩层表现出一定的渗透率外，其他时候盐岩层的渗透率都非常低。已有的相关研究（高小平等，2005）表明：盐岩的结构致密，内部连通孔隙极少，孔隙率最大约为 0.5%，普遍低于 0.25%；孔隙率随着静水压力的增加而减小，在

图 1-1   盐岩单晶图

30MPa 静水压力下，盐岩的渗透率均小于 $2 \times 10^{-16} \mathrm{m}^2$。因此，在常规情况下可视盐岩为非渗透性材料。

通常情况下盐岩由于其致密性而被视为不渗透材料，但由于杂质的存在，盐岩体渗透性特征是不可忽视的。同时，愈合过程中的孔隙结构严重影响着盐岩的愈合进程，特别是孔隙结构的长度尺寸与杂质等对损伤有着不可忽视的影响。因此，对国内盐岩与杂质的边界孔隙特征进行分析尤显必要。本节利用压汞试验机对国内含杂质样品进行孔隙数据采集。具体为试验前将样品的尖锐部分去除，并打磨成边长为 3mm 左右的正方体。打磨完成后，将样品置于真空干燥箱中烘干12h。为提高测试结果可靠性，试验制作 3 个试样进行分析。由于盐岩致密性特征，试验数据选取高汞压时的数据作为分析对象，试验结果如下。

1.3.3.1   国内含杂质盐岩孔隙参数

国内含杂质盐岩孔隙特征参数见表 1-1。

表 1-1   国内含杂质盐岩孔隙特征参数

项　目	样品 1	样品 2	样品 3
样品质量/g	0.7121	0.4371	0.4744
开孔孔隙率/%	0.372	0.0117	0.2596
渗透率/db	0.0010	0.0155	0

表 1-1 显示，国内含杂质盐岩样品的开孔孔隙率在 0.01%～0.37% 区间内，而对应的渗透率低，甚至难以测出。该现象表明国内盐岩与杂质连接部分虽然为混合结构，但整体孔隙结构仍然稀少，渗透性低。这是由于连接部分的杂质结构（多为碳酸盐结构）与盐岩晶体结构相互铰接，导致杂质结构的致密性增加所造

成；同时，盐岩晶体结构对杂质区域的包裹也会造成开孔孔隙率的相对降低。

1.3.3.2 国内含杂质盐岩的孔径分布特征

图1-2为试验样品图和孔径分布测试结果，其中纵坐标中 V 代表吸附量，D 代表孔径，dV/dD 表示初始的吸附等温线上各点的微分，在等温线上，如果该区域的吸附曲线越陡峭，则该分压区的孔径分布越集中。三个样品的孔径分布示意图显示盐岩与杂质边界区域，孔径小于 $2\mu m$ 的孔隙居多，孔径在 $4\sim12\mu m$ 的孔隙偏少，根据国内盐岩的裂隙特征与孔径分布规律，盐岩与杂质边界区域虽然有着杂质结构的存在，但其整体的孔隙结构仍然稀少，渗透率不高。

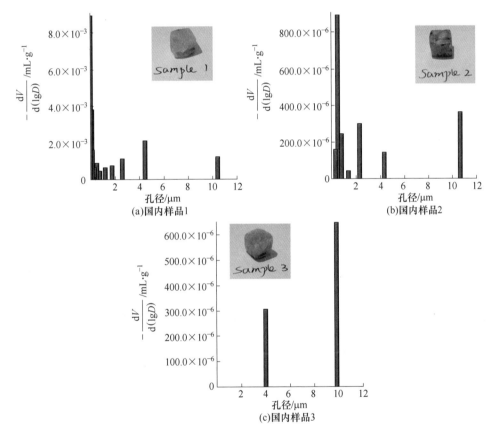

图1-2 国内含杂质盐岩孔径分布

1.3.4 盐岩溶蚀特征

盐岩因其溶于水的特点，利用注淡水溶解技术可实现地下盐矿地面开采，既有利于人们通过优化水溶开采技术实现水溶造腔，开采盐矿，又可将盐矿采空区用于能源储存或其他废弃物的处置。地下盐矿的水溶特性也受到多种因素的影响，国内外学者针对盐岩的溶蚀特征开展过大量研究（徐素国等，2005），发现盐岩溶蚀过程具有以下特征。

（1）盐岩与卤水接触面积对溶蚀的影响：由于盐类矿物溶解主要在盐岩与水溶液的接触表面进行，在相同的溶剂的情况下，溶解面积不同，盐矿物的溶解特性会有所不同，盐岩与水的接触面积越大其溶解的量也越大。

（2）溶蚀面倾角对水溶速度的影响：卤水在重力方向上存在自然的浓度差，表现为上部浓度低、下部浓度大，所以溶蚀面与水平面的水平夹角越大其溶解速度越慢。

（3）卤水浓度对溶解速率的影响：溶液浓度与饱和溶液浓度之差是盐岩发生溶解反应的化学势之一。两者差值越大其溶解速率就越大，当溶液浓度为 0 时，差值最大，盐岩溶解速率达到最大值；当溶液浓度等于溶液饱和浓度时，差值为零，盐岩溶解速率为零，即浓度越低，越有利于溶解。

（4）温度对溶解速率的影响：随着卤水溶液温度的升高，溶剂分子与盐岩中分子的活性增强，发生相互碰撞的概率增大，使溶解速率增大。

（5）水流速率对溶解速率的影响：在一定的流速范围内，盐岩的溶解速率随流速的增大而增大。

1.3.5 盐岩力学性质

1.3.5.1 压缩特性

盐岩试样的单轴破坏形式均为沿着轴向的多个劈裂面张拉性破坏。其应力-应变曲线大体可分为 4 个阶段：（1）压密阶段，其特征是应力-应变曲线呈上凹型，即应变随着应力增加而减少，这是由于盐岩内的孔隙、裂隙等初始缺陷受力后闭合，岩石中孔隙比减小，从而产生瞬间轴向压缩变形，组成岩石的矿物颗粒之间紧密接触。（2）弹性阶段，这一段的应力-应变曲线基本呈直线，此直线段的斜率就是平均切线弹性模量。盐岩处于压缩状态，随着轴向应变、径向应变逐渐增加，轴向应力增加迅速。这是由于盐岩变形已由孔隙和裂隙的压密转变为晶体结构的弹性变形。（3）塑性变形阶段，当应力值超出屈服应力之后，随着应力增大曲线呈下凹状，表现出应变软化现象，此时盐岩晶体结构发生位错和滑移，盐岩颗粒间的孔隙和弱面的微破裂活动加剧，试样体积不再受压缩，而转为迅速增加，产生扩容现象。与其他岩石相比，盐岩的塑性屈服阶段会比较长。（4）破坏阶段，当应力超过峰值应力时，进入到破坏阶段。随着应变不断增加，应力迅速降低。国内层状盐岩单轴抗压强度随夹层含量增加而增加，变形能力随夹层增加而减小；国外细颗粒结晶纯盐岩强度和变形能力要明显大于国内粗颗粒结晶纯盐岩。

盐岩三轴压缩破坏时没有明显的破裂面，而是出现侧向的膨胀破坏，其破坏特征不再是单纯的剪切破坏。盐岩较低的围压（5~10MPa）情况下未出现峰值强度，强度较单轴压缩下明显提高，轴向变形达到15%~20%，侧面出现细小的剪切裂纹，但无宏观较大裂纹出现，说明围压的存在导致盐岩的破坏模式发生了显著变化，也表明有围压的盐岩具有明显的大变形形式。在围压较高的三轴压缩条件下，试验曲线仍然未出现峰值应力，盐岩表现出明显的应变硬化特征，具有良好的变形能力。由于不同试样之间NaCl含量不同导致试样在物理上具有较大的差异，进而导致其力学性质具有明显的不同。在等围压三轴压缩状态下，盐岩表现出明显的塑性流动，试验完成后观察到试样表面有沿母线方向的细小张裂纹（李银平等，2006；唐明明等，2010）。

1.3.5.2 剪切特性

对于直剪试验，加载的初期曲线的斜率较小，剪应力增加缓慢而剪应变增加较快，这一阶段试样内开始产生张裂纹，但是开始产生的张裂纹并不是沿着剪切面发生破坏；随着垂直力增加，剪应力的速率逐渐变大，相对较小垂直力时加载初期斜率较小的情况越不明显。当剪应力达到某一数值后，剪应变受阻增加变得缓慢，而剪应力迅速增加，曲线斜率变陡，快达到峰值强度时曲线斜率再逐渐由陡变缓达到峰值强度，沿岩石交界面剪切的层状盐岩和泥岩由陡变缓达到峰值强度的这个阶段与盐岩相比要短。达到峰值强度后曲线斜率由正变负，剪应力随剪应变的增加逐渐达到残余强度。从峰值强度到残余强度青/灰色泥岩和棕色泥岩剪应力下降较为显著，脆性比较明显；而盐岩和界面峰后下降较为缓慢，残余强度与峰值之间的差值较小。而对于压剪试验来说，峰值剪应力随着角度的变化出现明显的规律，在45°附近达到最大；通过压剪试验得到的切变模量也会随着剪切角度的变化产生波动。

盐岩剪切破坏是一种延性破坏，整个剪切应力-剪切位移曲线都较平缓，剪切峰值不明显，这主要是由于局部位错交替导致的；残余强度基本上与法向应力呈正比例关系，且残余应力较大，表明盐岩摩擦承载能力较强；盐岩剪胀终止发生在峰值应力之后、残余应力之前，且在较大法向应力作用下剪胀起始应力与剪胀终止应力接近；盐岩的剪切破坏位置不是一个面，而是一个破碎带，破碎带上下一定范围内有不同程度损伤；表面局部有明显擦痕，类似于摩擦学的"犁沟效应"，有利于提高其抗剪能力（李银平等，2007；姚院峰等，2011）。

1.3.5.3 拉伸特性

盐岩拉伸试验一般为间接拉伸试验、巴西劈裂试验和三点弯曲试验。盐岩的动态拉伸强度具有明显的应变率相关性，并且随应变率的升高动态拉伸强度明显增大。同时在破坏形式上同样具有应变率相关的特性：应变率较低时，由圆盘试件的中心附近开始破裂，最后裂成两个半圆形，而在应变率较高时试件会在近似静态时径向劈裂的同时，伴随加载区域附近的局部压碎破坏，甚至更大范围的粉碎破坏（刘建峰等，2011）。

⟨1.4⟩ 盐岩损伤愈合研究现状

1.4.1 盐岩损伤理论研究进展

　　岩石的损伤破坏机理，是岩石力学与工程的一个重要问题。岩石中自然存在着微孔隙和微裂纹，因此，岩石是一种自然损伤材料。受载岩石在超过弹性极限后表现出明显的非弹性变形。造成岩石非弹性变形的主要或直接原因可认为有以下两种：（1）岩石中的微裂纹与微孔隙压密后重新张开和扩展；（2）岩石中微缺陷造成局部应力集中。盐岩作为一种特殊的岩石，在建腔过程中或腔体成型后，盐岩的损伤除受到自身内在矿物组成、盐层结构的影响外，还要受到地应力、地温、卤水的影响，研究盐岩的损伤对于保证腔体的稳定性很有必要。

　　国外以 Lemaitre（1984，1986，1990）、Hult（1979）、Krajcinovic（1982，1983）等为代表的众多学者，针对损伤力学的基本概念和方法等做了大量开创性的工作，这不仅使其框架渐渐明晰充实，而且还把它的适用范围从最初的蠕变损伤，推广到对弹性、塑性、黏弹性、脆性及疲劳等损伤现象的分析。国内学者针对岩石的损伤特征也开展了系列研究，刘学文等人（1997）应用声发射技术评价材料疲劳损伤，根据累积振铃计数在疲劳试验过程中的变化情况，定义了材料损伤的两个阶段，在此基础上，提出了一个描述材料累积损伤的模型。史瑾瑾等人（2009）研究了岩石冲击损伤特性，利用声波测试仪对回收试件进行声波测试，探测试件内部损伤程度，分析了冲击压力与岩样损伤的关系。张慧梅等人（2010）针对寒区工程结构的冻融受荷岩石，提出冻融损伤、受荷损伤与总损伤等概念，拓展损伤变量的内涵；以岩石的初始损伤状态为基准状态，充分考虑岩石细观结构的非均匀性，运用损伤力学理论及推广后的应变等价原理，建立冻融受荷岩石损伤模型。曹文贵等人（2005）从探讨基于 Mohr-Coulomb 准则的新的岩石微元强度表示方法及其服从 Weibull 随机分布的特点出发，基于岩石三轴应力应变试验曲线，建立了反映岩石破裂全过程的损伤软化统计本构模型。杨圣奇等人（2005）基于岩石的应变强度理论和岩石强度的随机统计分布假设，采用损伤力学理论，考虑微元体破坏及弹性模量与尺寸之间的非线性关系，建立了单轴压缩下考虑尺寸效应的岩石损伤统计本构模型。韦立德等人（2005）利用细观力学的等效夹杂方法建立了考虑损伤和无损岩石塑性变形的亥姆霍兹（Helmholt）自由比能函数，并用连续损伤介质力学方法推导出了考虑损伤和无损岩石塑性变形耦合的岩石弹塑性损伤本构关系。李树春等人（2007）针对以往岩石损伤统计本构模型的不足，引入初始损伤系数 q，从一定意义上反映了岩石的非均匀性、非线性特征，同时，通过引入岩石应力应变全过程曲线特征参量，并考虑岩石应力应变全过程曲线的几何条件，解决了传统方法求解本构方程中参数的难点，提高了精度。朱其志等人（2008）基于均匀化理论构建细观力学损伤模型的热动力学框架，提出运用 Eshelby 夹杂问题解的岩石损伤摩擦耦合模型，损伤的演化用修正的 Mazars 损伤准则来描述。刘洋等人（2009）利用分形损伤理论，求出不同载荷阶段的分形维数，由分形维数的定义导出了不同载荷阶段的裂纹个数的变化情况，且利用目前被广泛采用的超声波纵波速度与孔隙率的关系式，最终导出单轴压缩载荷作用下岩石超声波纵波速度与应力的理论关系式。

盐岩的损伤需要通过一些本构关系来描述，常用的岩石损伤模型目前主要有 Loland 模型、Mazars 模型、Sidoroff 损伤模型、分段曲线模型，这四种模型都是在研究岩石类材料破坏行为得出的结果，其研究方法都是参照试验得出的全应力应变曲线，将曲线划分为两个阶段，即应力峰值以前和峰值以后，对应于这两个阶段，损伤的扩展分为两个区域，每个区域内的损伤扩展用不同的函数模拟。但这些模型存在着一些问题，国内很多学者对此进行了改进。任松等人（2012a）研究了周期载荷作用下盐岩的损伤特性，通过改变恒幅载荷条件下的上限应力、下限应力及加载速率等试验条件，基于声发射技术对盐岩疲劳损伤特征进行研究。王者超（2006）通过盐岩三轴蠕变实验研究，分析了盐岩稳定蠕变阶段的非线性变形特征及产生盐岩非线性蠕变损伤的机理，认为盐岩的蠕变速率与蠕变过程中形成的累积蠕变应变具有密切关系，最后基于伯格斯（Burgers）模型建立了盐岩蠕变损伤本构模型。

1.4.2 盐岩损伤自愈合方面的研究进展

本节将盐岩损伤愈合的研究现状分为国外与国内两个部分进行介绍。

1.4.2.1 盐岩损伤愈合国外研究现状

经过几十年的发展，国外学者对盐岩的损伤愈合研究现已经比较深入，在损伤愈合与再结晶的研究机理方面，Poirier（1985）提出了再结晶过程的移动再结晶和旋转再结晶，它们的重要程度取决于变形的条件。Nancy 等人（1990）利用超声波检测盐岩的损伤愈合情况，开展了低围压下盐岩变形与强度恢复的试验，指出波速的恢复变化受到损伤程度的影响。Chan 等人（1996a）在考虑位错蠕变、剪切损伤、拉伸损伤和损伤愈合等情况的基础上建立了多机制变形耦合的盐岩破裂模型（multimechanism deformation coupled fracture，MDCF），并将该本构方程应用，得到了应变恢复曲线，结合有限元数值结果与所观察的腔体围岩损伤程度预测了层状盐盐岩穴的剩余寿命。Chan 等人（1998）指出盐岩蠕变损伤通常表现为微裂纹，而这些微裂纹又可以在一定的压力与温度的作用下因晶体再结晶而得到愈合。Takenchi 等人（1976）通过试验总结出再结晶材料的平均晶界尺寸与稳定状态的屈服强度关系式。Ter Heege 等人（2005）研究了应变、温度、应力及含水率对盐岩再结晶的影响，指出水会增加盐岩的流变性进而导致晶粒长大并降低了盐岩的抗压强度，随着应变率的增加，晶粒的粗糙度增大，且温度和应力与再结晶的晶粒尺寸成反比。Voyiadjis 等人（2010）根据损伤变量的定义方式在连续损伤力学理论的基础上定义了拉伸情况的恢复变量。Houben 等人（2012）将储库扰动区的微裂纹愈合机理分为三种：由外力导致的力学愈合、由表面能激发的晶界扩散愈合与盐岩再结晶愈合，并推导出对应的损伤愈合方程。Fuenkajorn 等人（2003）试验分析不同应力状态、不同裂纹类型和不同时间等条件下的盐岩裂纹愈合现象，指出盐岩裂纹愈合的主要因素是有裂纹的起点、密集程度、愈合过程中压力大小与作用时间。Voyiadjis 等人（2012）引入两个新的损伤变量应用到损伤愈合力学机制中，以此描述愈合材料的力学性质，弥补力学上一致性愈合变量的不足，并对这两个应用进行了合理性验证。Chan 等人（1996b）指出盐岩微裂隙的愈合能促进其结构的稳定性与渗透率的降低，这对储气库的稳定性有重要意义。Miao 等人（1995）指出损伤愈合的主要动力是裂隙表面张力与两个表面之间断裂共价键。Brantley 等人（1990）在高温高压环境下计算石英微裂隙的愈合活化能，并分析了流体压力、裂隙尺寸、愈合过程中物化作用等对愈合速率的影响。Fuenkajorn 等人（2011）对抛光、锯断、力学拉断三种盐岩断面进行不同温度、湿度、应力状态下的损伤愈合与渗透率实验，分析了杂质、应力与断面类型对恢复能力的影响，并指出了渗透率降低是愈合的必要条件。Zhu 等人（2015）建立了连续损伤力学体系下与时间、温度有关的盐岩损伤本构模型，指出了盐岩蠕变过程中包含的滑移变形、穿晶位错、晶体生长与动态重结晶四个变形机制，而晶体生长在常温低应力下也会发生，温度可以促进晶体生长。Zubtsov 等人（2004）在型盐压制过程中发现由于盐岩晶体边界的晶体生长与溶解的相互作用，压实盐岩的强度只能达到原盐的 45%～75%。Urai 等人（2008）指出位错理论在解释盐岩蠕变过程中具有局限性，压力溶解和动态再结晶也对蠕变有不可忽视的影响，高流体压力降低盐腔的封闭能力。

对于盐岩的晶体生长发育，国外学者也进行了大量的试验观察。Desbois 等人（2009，2010）利用 FIB 离子束切割技术分析了黏土矿物孔隙的细观结构与形态特征，并对孔隙微结构进行分类，为纳米级微孔的分析测试提供了新的检测手段。随后，又利用伽马射线分析了盐岩薄片，指出盐岩裂隙愈合是由于压力状态下流体低速流动的各向异性而引起晶体在裂隙中生长的结果，而盐岩中浸水会导致盐岩的位错蠕变向压力溶蚀蠕变转化。2011 年 Desbois 等人（2012）利用离子束切割与 SEM（scanning electron microscope）电子扫描技术观察了盐岩晶体的晶界生长与裂隙愈合的全过程，证实了晶界上的卤水薄膜的存在，并认为卤水薄膜是导致盐岩晶体生长与裂隙愈合的根本原因。Desbois 等人（2012）将盐岩晶体晶界分成4类，分析指出盐岩中非连续性流动的流体是有助于晶体生长的，而晶体生长是由于盐岩内部驱动力产生的结果，进一步证明了盐岩晶界卤水薄膜生长恢复的存在。Schoenherr 等人（2007）对阿曼南部盆地的寒武纪盐岩与石油赋存情况进行了分析，描述了油压对盐腔裂隙拓展与盐岩损伤愈合对石油封存的过程，指出了石油稳定封存状态下的流体压力值。François 等人（2002）做了裂隙的模拟愈合实验，将裂隙愈合过程分为线性愈合与"拉链式"闭合两个阶段。Popp 等人（2001）利用声波测试技术总结了盐岩愈合过程中裂隙闭合与渗透率的变化规律，并以此定义了压力作用下盐岩体积变形由压缩到膨胀的分界线。Ghoussoub 等人（2001）对晶界结构进行了分类并分析了流体在晶体孔隙结构中的溶解与渗透规律。Schenk 等人（2004）利用快速冷冻技术对盐岩晶体边界进行了 SEM 微观观察，并对盐岩的结晶边界进行了细观尺度下的划分，指出盐岩的愈合与晶界边上的流体流动扩散存在密不可分的联系，裂隙的接触性愈合是由于卤水薄膜在细粒晶体颈部位置积累而产生晶体生长的结果，晶体生长形态由于晶界能的各向异性而自形，且晶体生长发育速率严重受到水的影响，基于自由生长晶体表面很粗糙等现象，提出了与盐岩渗透率紧密相关的晶体生长区域的"三联点管网络区域"概念。De Meer 等人（2005）利用电阻率分析盐岩晶体扩散生长，利用热定律推导并验证了晶界扩散系数，并利用红外线对盐岩溶解做了原位观察实验，研究了 NaCl 晶体的 {111} 和 {100} 晶体面由于表面电荷分布差异造成晶体表面溶液扩散速率差异与晶面厚度差异。Dimanov 等人（1999）指出不同温度下钙长石重量百分比的差异是由于晶粒间发生结晶造成的，在光学显微镜观测下指出晶界扩散控制着钙长石蠕变压力指数、晶界尺寸同样蠕变活化能。Olgaard 等人（1993）利用 SEM 与 TEM 对方解石微裂隙扫面观察发现方解石大多数微裂隙结构愈合演化过程发生在裂隙面冷却过程中。Piazolo 等人（2006）利用 SEM 对不同温度下盐岩晶界特征进行分析，指出温度与晶体生长速率成正比的关系，并总结出不同温度下盐岩晶界生长形态特征与生长规律。Schenk 等人（2005）利用透射显微镜结合可视化压力装置观察 $MgCl_2$ 晶体生长过程，分析了不同温度与应变率下盐岩的生长规律，指出流体与夹杂物的结合与流体断流是由晶界生长速率、晶界厚度与夹杂物形状大小决定的。Urai 等人（1986）通过晶界观察总结了盐岩晶体动态再结晶的主要驱动力，认为杂质对晶界生长与动态重结晶有重要影响，并讨论了动态再结晶能否被归为变形机制的问题。

1.4.2.2 盐岩损伤愈合国内研究现状

国内对金属材料、混凝土材料等的损伤愈合研究开始较早并取得了不错的成果。早在 20 世纪末期，中国大量学者对金属材料的损伤愈合进行了探索，并提出了自身反应式及埋入空芯纤维式自愈合方式的材料修复技术（王玉庆等，1997）。赵晓鹏等人（1996）认为自愈合的核心问题是物质的补给和能量的补给，并结合上述方法进行了解释阐述。肖纪美（1997）指出如果能巧妙应用能量耗散，从环境中消耗能量与物质，将能使得材料的性能在此过程中得到提高。韩静涛等人（1997）通过对 20MnMo 钢进行高温下、高静水压力、大塑性变形的再结晶试验，证实了该材料内部裂纹扩展过程的可逆性并将其愈合过程进行了阶段特点划分，指出愈合程度取决于材料内部裂纹被填充程度与晶粒长大程度两个因素，并总结了优化裂纹愈合过程的必要条件。同样是对 20MnMo 钢的研究，钟志平（1998）指出裂纹愈合必须考虑裂纹宽度，当该材料的裂纹宽度超过 $1.3\mu m$，其裂纹的愈合必须辅以高压才能得以实现。

对岩石材料的损伤愈合研究，国内基本也是从 2011 年左右才开始展开相关研究。2011 年，李志强（2011）对混凝土损伤愈合能力的影响因素进行了研究，分别从水泥细度、所含矿物、水灰比等方面对混凝土愈合能力强弱进行了分析，在宏观分析基础上对损伤愈合进行了初步探索；随后郑万里（2014）、谭练武（2014）对混凝土损伤愈合的环境影响因素与评价进行了总结，并在此基础上进行了试验验证与模型建立，系统总结了混凝土损伤愈合规律。

国内在盐岩损伤愈合的相关研究起步较晚，也正是从近几年开始起步发展，得到一些相关的成果，现基本仍处在研究初始阶段，但是相关的晶体学研究已经在其他学科得到了相当成熟的研究成果。李林等人（2011）利用荧光和细观分析技术分析了单轴条件下层状盐岩的表面裂纹扩展分布规律，从晶粒间错动、晶间裂纹扩展、裂纹分布受盐岩晶粒大小及分布均匀性影响等各个方面，对比了国内外盐岩物理力学性质的差别。郭印同等人（2012）基于腔体围岩受压情况进行了盐岩卸围压的力学特性试验，得到了卸围压过程中盐岩的应力-应变关系、变形特征及其规律；梁卫国等人（2004）研究了损伤盐岩高温再结晶剪切特性，发现高温再结晶之后损伤盐岩仍具有完好试件的基本变形特征，且高温再结晶可以恢复盐岩的内摩擦角，但是对于黏聚力的恢复表现不明显。余丽珍（2008）研究发现石油通过盐岩的微裂缝渗透进盐岩体，盐岩的再结晶和可塑性变形可以将渗透进盐岩体的石油封闭起来。陈结（2012）分析损伤纯盐岩在一定温度、湿度环境下的损伤愈合特征，研究表明，试件内部张开性裂纹增多，越不利于损伤愈合，但通过一定的围压作用压合裂隙，对损伤愈合有帮助。在有水分补给的条件下，温度的升高会促进晶体内的晶粒再结晶作用，并建立了纯盐岩损伤-愈合数学模型。史丽君（2013）建立了考虑损伤恢复的盐岩流变损伤模型，并对模型进行了数值模拟实验验证与优化，在此基础上对盐岩储库的流变损伤耦合进行了分析。王雷（2014）对剪切损伤自愈合进行了实验研究，指出受卤水、温度、地应力、加卸载等因素影响，储气库的损伤破坏盐岩可以出现一定的恢复，恢复的过程主要是结构完整性的恢复，而不是简单地强度增加，需要多个力学参数来反映其效果。

上述总结表明，国内在盐岩损伤愈合上的研究还不足，且主要集中在宏观损伤愈合研究方面，对损伤愈合微细观上的研究还未展开。由于盐岩的研究终将落脚于工程实践，为盐岩储库等相关设施提供技术指导，因此，盐岩宏观损伤愈合的研究尤显必要。同时，由于盐岩的损伤愈合与 NaCl 的结晶生长有着密不可分的联系，所以从细观角度分析总结愈合过程中的规律对揭示盐岩损伤愈合本质、认识损伤愈合过程具有积极作用。另外，对于各种外界环境对于盐岩损伤愈合的影响还没有系统的研究，本书的研究工作从损伤愈合宏观力学实验与细观愈合观察两个角度展开，研究不同愈合环境对于盐岩损伤自愈合的影响。

1.4.3　盐岩损伤愈合的机理概述

根据金属材料相关研究讨论，材料的损伤恢复/回复功能，主要强调了材料使用过程中的劣化的各种性能的恢复，但是这些性能的劣化未必是由于材料内部结构等损伤造成的，所以与损伤愈合/修复在一定程度上是有所区别的，损伤愈合主要是指具有损伤材料的愈合造成材料强度提高、材料使用寿命延长的特点。

根据已有的理论定义（王雷，2014），本书对损伤愈合定义进行补充说明：损伤盐岩体（或盐岩组）在内部/外界环境因素的长期作用过程中，内部的结构发生着损伤，但由于晶体的生长迁移特性，内部微裂纹结构的生长愈合也在同步进行着。即盐岩能从外界吸取、转化一些能量与物质而使自身得到结构上的修复，愈合产生的结果最终将反映到盐岩体（或盐岩组）的整体力学特征上，损伤愈合过程本质上仍然是一个损伤演化过程，该演化过程在微细观中表现为微裂纹的闭合、裂隙尖端的闭合与修复、裂隙面的重新连接、裂隙内部生长基上晶体的生长与裂隙填充等。

图 1-3 为损伤愈合过程宏观示意图，图 1-3（a）为理想中的完好无损的试样，在经过加载损伤过后产生了内部裂纹，如图 1-3（b）所示。当经过损伤愈合处理过后，内部总的裂纹面积减少，如图 1-3（c）所示。该过程中，在不考虑或者设为数量级恒定的晶体位错等造成的面积变化情况下，裂纹减少面积则可以考虑成愈合面积即试验过程中所测得的与应变量有关的值。

通过试验分析与研究，Houben 等人（2012）将盐岩裂隙的愈合机理总结为三种：

（1）压力闭合。这是最常见的情况，即盐岩裂隙等在压力作用下发生闭合，如图 1-4（a）所示，该过程对盐岩内部结构基本属于物理结构上的影响。

（2）扩散愈合。这是指裂隙尖端附近的 NaCl 在内部与外部环境的作用下发生迁移，为晶体的堆积与结晶提供物质基础的过程，如图 1-4（b）所示。该过程包括整个反应体系中温度、压力的变化、分子的定向移动与晶体结构的产生三

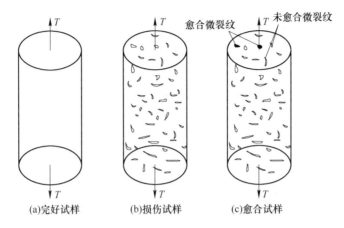

图 1-3　损伤愈合过程宏观示意图

个阶段。

（3）结晶作用。这是指裂隙空间内发生晶体结晶现象，该现象能增加裂隙面之间的接触面积而增加裂隙强度，如图 1-4（c）所示。

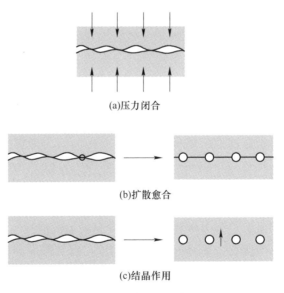

图 1-4　愈合机理示意图

从上述分析可知，对于损伤盐岩，在经过以上三种愈合过程后，其裂隙结构能得到一定的恢复。但是由于愈合所需要的物质基础与能量基础等限制，在短时间内，盐岩的损伤难以得到完全的恢复，特别是对封闭式裂隙，由于外界不能直接给裂隙空间提供物质基础，在无压力压密作用的条件下，裂纹空间的重新愈合需要经过漫长的晶体迁移过程。因此，损伤愈合虽然能使盐岩的部分力学性质恢复，但是由于环境中的水与温度同时会对盐岩产生弱化效果，所以对其整体愈合分析还需要综合各类因素才能更加准确地评价其损伤愈合效果。

② 盐岩损伤裂纹扩展规律

②.1 盐岩热损伤裂隙特征分析

与国外大型盐丘型矿床相比，中国的盐床含有大量不同岩性的夹层，需要对国内层状盐岩基本热损伤特性进行分析。本节主要研究温度梯度变化对盐岩及夹层岩体的裂纹扩展影响，观察温度对其表面裂纹发育和扩展的影响程度，并运用分形原理对不同温度作用下盐岩表面产生的破坏裂纹分形特征进行分析，通过其分形维数分析由热损伤引起的盐岩表面裂纹发育和扩展的规律。

2.1.1 试验准备及方法

2.1.1.1 试验设备及应用软件

本次试验采用的设备有成都中宇电热器厂生产的 ZY101 型电热鼓风干燥箱，佳能单反 5DMarkⅡ高清相机，煤矿灾害动力与控制国家重点实验室研制的动态细观观测装置（体视显微镜、CCD 摄像机、三维移动显微观测架和计算机分析软件）；采用的分析软件为 Matlab 和 Fractalfox 2.0 分形软件。

2.1.1.2 试件制备

试验所用纯盐岩分别取自江苏省金坛盐矿和巴基斯坦某盐矿（便于国内外盐岩裂纹扩展特性对比），金坛纯盐岩试件晶粒尺寸大且晶粒尺寸大小分布不均，能观察到明显的晶粒界面，杂质含量高呈黑色（可溶物含量达 90% 以上）；巴基斯坦纯盐岩试件晶粒小且分布均匀，观测不到明显的晶粒边界，晶体结晶度好呈淡红色（可溶物含量达 96.3% 以上）；纯夹层来自湖北省云应盐矿，矿物以钙芒硝和硬石膏为主，辅以少量盐粒和泥。试验装置及材料如图 2-1 所示。

2.1.1.3 试验过程

为了避免试件中表面水分对试验的影响，把加工好的试件在干燥箱 30℃恒温条件下放置 48h，然后取出进行拍照用作初始状态对比。试验时将所有试件放入已加温至预定温度的干燥箱内持续 24h 后取出，冷却后用高清相机对盐岩试件拍照，运用 Matlab 和 Fractalfox 2.0 对盐岩表面产生的裂纹进行处理和计算，找出温度和盐岩表面损伤的关系；而夹层试件则选取固定区域用体视高清显微镜进行局部放大拍照，然后统一观察分析试件的表面变化情况。试验设计的初始温度设为 50℃，以 30℃为梯度，一直持续到 260℃，通过比较和观察来分析不同温度下的损伤演化规律。

图 2-1 试验设备和试件

2.1.2 温度损伤试验结果及分析

2.1.2.1 温度引起的盐岩夹层表面裂隙变化分析

盐岩中夹层和杂质的成分大部分是泥岩和石膏（$CaSO_4$），高温对其有显著影响。最明显的影响是在高温作用下泥岩和石膏会失去结晶水并在表面产生裂纹，使其表面颜色变淡及脆性变大，物理性质发生改变。如果失水速率过快，更会直接造成泥岩的破坏，笔者曾在没经过 30℃ 恒温干燥处理的情况下直接将泥岩试件加热到 200℃，泥岩在升温过程中失水过快导致内部矿物膨胀速度和程度不均匀，产生了龟裂破坏。图 2-2 和图 2-3 为泥岩和石膏在常温到高温条件下试件表面裂纹宏观分布图，图 2-4 和图 2-5 为泥岩和石膏在常温到高温条件下试件表面裂纹细观分布图。

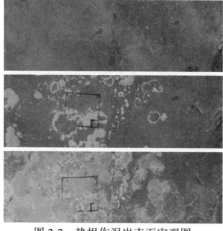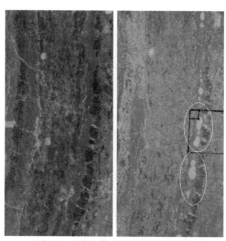

图 2-2 热损伤泥岩表面宏观图　　　　图 2-3 热损伤石膏表面宏观图

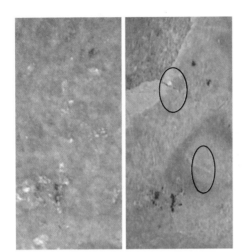
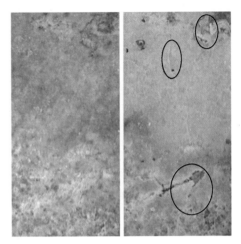

图 2-4　热损伤泥岩表面细观图　　　　图 2-5　热损伤石膏表面细观图

　　泥岩是一种层理或页理不明显的黏土岩，石膏是以硫酸钙为主要成分的单斜晶系矿物，它们本身都含有大量的钙类化合物，在高温失水的作用下，钙类化合物会析出沉淀，在其表面形成一层附着的容易脱落的白色薄膜，在宏观条件下很明显就可以观察到。同时高温作用也会将表面原先存在的结构缺陷进一步扩大，发展成表面裂纹，可以利用体视显微镜放大进行细观。通过对比常温下的泥岩表面和 260℃高温后的泥岩表面细观图可以清楚看到白色薄膜以及薄膜上的裂纹情况。从图 2-5 可以发现石膏试件表面局部（图中已标出）出现了明显的表面结构破坏，并且试件上半部分的中间区域有很多裂纹发育，由此可见高温对于盐岩夹层物理特性的影响非常显著。

2.1.2.2　盐岩表面裂纹分析

　　试验发现温度对盐岩试件表面裂纹演化扩展具有重要的影响，图 2-6 描述了盐岩试件在温度 50℃和 260℃之间烘烤后表面裂纹的分布情况。从图 2-6 中可看出，在温度低于 80℃时，试件表面基本没有明显裂纹生成，只有极少量微小裂纹生成，且试件颜色也基本没有变化，热损伤不明显。当温度上升到 110℃后，试件表面裂纹快速增加，裂纹多为晶间裂纹，试件颜色由之前的剔透型淡红色逐渐变为灰白色。这主要是因为盐岩内部分子热运动增强，削弱了它们之间的凝聚力，使晶粒间界更容易产生滑移，微裂纹开始扩展形成比较明显的贯穿几个晶界的长裂纹；继续加温，长裂纹沿晶界随机扩展直至布满整个盐岩表面；再进一步加温，盐岩晶粒内的分子热运动更加剧烈，热应力破坏作用变大，盐岩表面长裂纹互相贯通并且伴有穿晶裂纹出现，最后表面的各种主裂纹与微裂纹共同形成一片裂纹区域。同时可确定 80℃到 110℃之间存在盐岩热损伤门槛阈值，因为水的

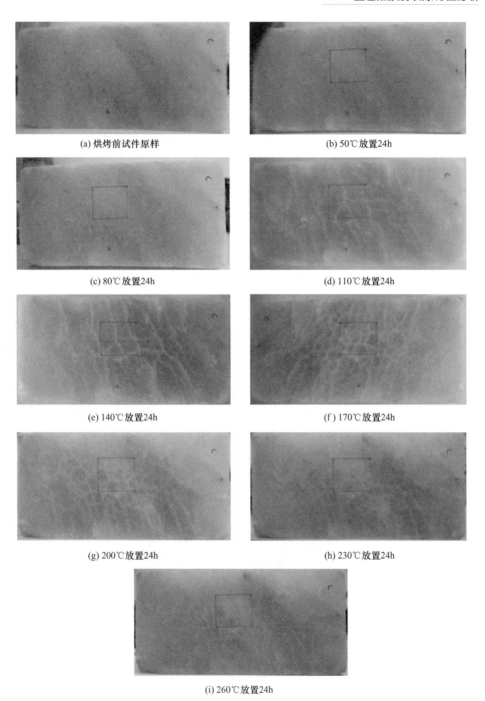

(a) 烘烤前试件原样

(b) 50℃放置24h

(c) 80℃放置24h

(d) 110℃放置24h

(e) 140℃放置24h

(f) 170℃放置24h

(g) 200℃放置24h

(h) 230℃放置24h

(i) 260℃放置24h

图2-6 盐岩试件温度作用后的表面裂纹分布

注：试验温度在50~260℃之间，上述图片为同一块试件，试件在设定的温度中放置24h后，进行表面裂纹观测
分析，之后再提升温度并重复上述过程，试件上黑色正方形框图区为后续进行细观观测和分形分析区域

沸点为100℃，所以高温失水是促使试件龟裂的一个重要因素，当温度持续升高后，岩体将失去结晶水，进一步促进了裂纹产生。

2.1.2.3 升温作用后盐岩裂纹产生的微观分析

盐岩在升温过程中的裂纹主要由其晶粒间相互错动形成，这种错动主要发生在盐岩成岩过程中，因晶粒间的取向不同而出现的晶粒间界处。在晶粒界面上的质点排列是一种过渡状态，与两个晶粒的排列都不同，其中一些大角度的晶界中质子排列更是接近无序状态，是一种能量较高的晶体面缺陷，能吸附外来质子。在升温过程中，盐岩表面原子获得较大能量，动能变大后其振幅变大，当能量达到一定程度时产生偏移，离开原来格点位跑到表面外新的格点位，导致原来的格点位形成空位，深处原子就依次填入，表面上的空位逐渐转移到内部去，形成了肖特基缺陷，即温度对盐岩造成了热缺陷，而在晶粒界面处的热缺陷和位错运动发生得更剧烈，从而发育成裂纹。另外，盐岩中所含多种矿物颗粒热膨胀系数的不同及各向异性，使得颗粒不同结晶方位的热弹性性质不同，引起跨颗粒边界的热膨胀不协调而导致开裂，同样会产生表面裂纹。

2.1.2.4 盐岩表面裂纹发育扩展与温度关系的定量分析

为了更直观地分析盐岩表面的裂纹发育和扩展情况，笔者对盐岩表面裂纹的图像进行了灰度图像二值化处理使其变成数字图像。灰度图像是指只含亮度信息不含色彩信息的图像，它的 R、G、B 三个分量相同，而图像的二值化处理就是将图像上的点的灰度置为 0 或 255，使整个图像呈现出明显的黑白效果，便于观察分析，利用 Matlab 软件即可实现该操作。图 2-7 为其中一组不同温度下盐岩表面裂纹扩展情况的灰度二值图。

图中黑色区域表示盐岩表面的裂纹分布情况，可以明显观察到随着温度的升高，盐岩表面的裂纹发育和扩展形势。在常温、50℃、80℃时图中的黑点是盐岩表面自身的一些白色晶粒和无法磨平消除的原有孔隙，即理想状态时不受外来因素影响的光滑盐岩表面的二值图应该是没有黑点的空白图像。通过比较可知，前三幅图像中的黑点分布和数量基本不变，说明盐岩表面基本没有出现明显的裂纹，温度对其表面的物理性质影响并不明显；继续加温后图像中的黑色区域所占比例越来越多以致最后几乎填充满图像，充分说明温度升高能导致盐岩表面裂纹的剧烈发育和扩展，温度越高对盐岩表面造成的热损伤越明显。

陈剑文等人（2007）已经证实高温能对盐岩造成明显的热损伤，温度越高对其造成的损伤越大，也会降低盐岩的强度；由本节进行的试验分析可知，温度越高对盐岩表面裂纹发育和扩展的影响效果越显著，因此笔者认为可以通过分析在不同温度条件下盐岩表面裂纹发育扩展的程度来衡量温度对盐岩造成热损伤的程度。

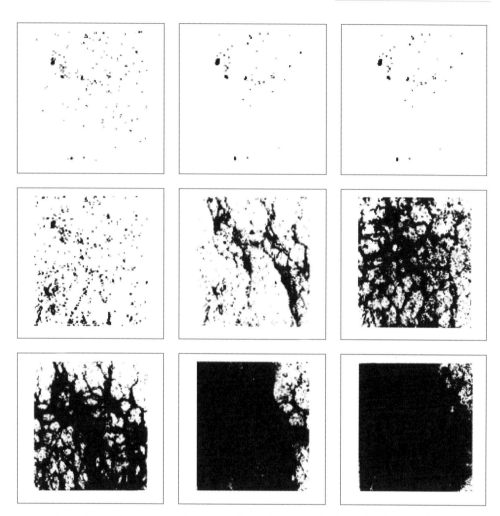

图 2-7　盐岩试件不同温度下表面裂纹发育与扩展情况灰度二值化图（没有参照尺）

2.1.2.5　盐岩表面裂纹发育和扩展的分形特征

由温度作用而导致盐岩表面产生的是一种无序的非均匀裂纹，难以用传统的欧几里得几何理论予以描述，分形理论的出现则为这种裂纹扩展路径不规则性的研究提供了新的方法。分形理论直接从未简化和抽象的研究对象本身去认识其内在的规律性，将以前不能定量描述或难以定量描述的复杂对象用分形体的空间分布特征参数——分形维数便捷地表述出来。分形维数反映了复杂形体占有空间的有效性，它是复杂形体不规则性的量度，至今已发展出了十多种分形维数，包括 Lyapunov 维数、Hausdorff 维数、相似维数、计盒维数、信息维数、关联维数等。

Kolomogrov 容量维数在岩石分形分析中应用最为广泛，因此盐岩温度损伤试验中盐岩表面裂纹的分形特征采用 Kolomogrov 容量维数法来分析。Kolomogrov 容量维数又可称为盒维数（Box-counting dimension），是 Hausdorff 维数的一种具体表现。设 (X, d) 为一距离空间，$A \in \xi(X)$，对每一个 $r>0$，设 $N(A, r)$ 表示用来覆盖 A 的半径为 r 的最小闭球数，存在如下关系：

$$D_{\mathrm{f}} = \lim_{r \to 0} \frac{\ln N(A, r)}{\ln \dfrac{1}{r}} \tag{2-1}$$

则称 D_{f} 为 A 的 Kolomogrov 容量维数。笔者根据盒维数的计算原理，利用 Fractalfox 2.0 分形软件对 3 组不同温度下盐岩表面裂纹的分形维数进行计算。利用 Fractalfox 2.0 分形软件对盐岩表面裂纹分形计算如图 2-8 所示，图中横坐标表示盒子的尺寸，纵坐标表示某盒子尺寸下裂纹所占据的盒子数，图中拟合直线斜率的绝对值即为该温度下盐岩表面裂纹发育扩展情况的分形维数，r 为拟合直线的相关系数。图 2-8 列出了 140℃ 时其中一组盐岩表面裂纹分形计算示意图。

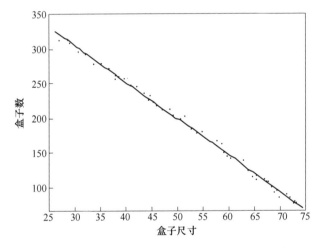

图 2-8　140℃ 时其中一组盐岩表面裂纹分形计算示意图

所有分形维数计算和拟合过程中的相关系数均都大于 0.98，表明该组盐岩表面裂纹在此观察尺度范围内具有统计意义上的分形特征，通过计算所得的常温到 260℃ 分形维数 D_{f}，其相应关系见表 2-1。

表 2-1　温度与盐岩表面裂纹分形维数关系表

温度/℃	分形维数 D_{f}
50	0.708
80	0.830
110	1.491
140	1.680

温度/℃	分形维数 D_f
170	1.836
200	1.859
230	1.863
260	1.893

从表中可知，80℃加温至170℃时盐岩表面裂纹的分形维数 D_f 越来越大，而从170℃继续加温至260℃时其分形维数 D_f 变化较小，即该组试件表面裂纹的发育和扩展无序化随着升温过程先快速增加后缓慢增加。裂纹的无序化表明裂纹发育和扩展的随机性，常温、50℃和80℃时其分形维数基本相同，即盐岩表面基本没有产生明显裂纹；而从80℃至110℃过程中的分形维数变化很大，说明盐岩在这个温度梯度内实现了由没有裂纹到裂纹明显出现的过渡，此时的温度梯度已经对盐岩表面产生了较为明显的热损伤；170℃以后分形维数增幅很小，表明此时盐岩表面裂纹发育扩展的随机性和无序性减小，主要集中在之前形成的主裂纹附近，最后全部贯通形成裂纹带或裂纹区域。图 2-9 为盐岩试件的分形维数与温度的关系图。

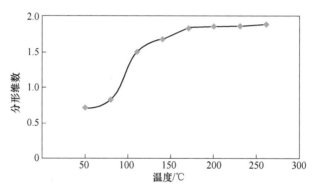

图 2-9　盐岩表面裂纹分形维数与温度关系

以上通过分形维数进行的分析与盐岩表面裂纹宏观的分析的一致，说明分形维数能很好地表征盐岩表面裂纹随温度变化的发育和扩展情形，即其热损伤的演化规律。

2.2　盐岩及夹层单轴压缩裂纹扩展特征分析

本节主要介绍利用荧光法（Nishiyama 等，1994；Chen，2008）和细观分析法（曹树刚等，2009）从宏观和细观两个角度来分析层状盐岩在轴向应力作用下裂纹的分布情况，对比分析纯盐岩、泥岩夹层、含夹层盐岩（盐岩与泥岩互层）三类岩样表面裂纹的差异，其成果可为盐穴建造期围岩损伤及腔体建成后的气密性研究提供理论依据。

2.2.1 试验条件及方法

2.2.1.1 试件制备

试验所用纯盐岩分别取自江苏省金坛盐矿和巴基斯坦某盐矿（便于国内外盐岩裂纹扩展特性对比），金坛纯盐岩试件晶粒尺寸大且晶粒尺寸大小分布不均，能观察到明显的晶粒界面，杂质含量高呈黑色（可溶物含量达 90% 以上）；巴基斯坦纯盐岩试件晶粒小且分布均匀，观测不到明显的晶粒边界，晶体结晶度好呈淡红色（可溶物含量达 96.3% 以上）；含夹层盐岩取自湖北省云应盐矿，其夹层含量约为 30%（夹层由细晶粒盐与泥质钙芒硝混合而成）；纯夹层取自湖北省云应盐矿，矿物以钙芒硝和硬石膏为主，辅以少量盐粒和泥。所有岩样加工成尺寸为 30mm×30mm×60mm 的长方体标准试件，四种典型试件外形特征如图 2-10 所示。

  (a) 纯夹层   (b) 含夹层盐岩   (c) 细晶粒纯盐岩   (d) 粗晶粒纯盐岩

图 2-10　四个典型岩样

2.2.1.2 试验设备

日本 AG-I250KN 电子精密材料试验机、三维移动显微观测架、体视显微镜、CCD 摄像机和图像分析软件、荧光粉、紫光灯、数码相机。试验装置如图 2-11 所示。

2.2.1.3 试验方法

将制备好的纯盐岩、纯夹层、含夹层盐岩试件进行预处理，即对裂纹观察面进行打磨抛光处理。试件单轴加载时，表面宏观裂纹分布观察采用荧光法，此方

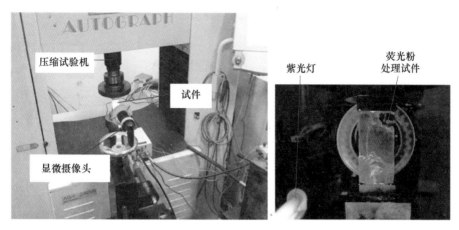

图 2-11 荧光粉裂纹观测试验装置

法是在试件加载后在其表面均匀地涂上荧光粉，然后再用软布擦拭试件涂有荧光粉的表面，其目的是在保证荧光粉进入裂隙的同时，将其他无裂纹区域多余的荧光粉擦掉，之后用紫光灯照射经过荧光粉处理的试件表面（此时需要关掉其他光源，减少外光源干扰），这样充满荧光粉的裂隙在紫光灯的照射下会发红光（发光颜色根据荧光粉类型会有差异），而没有荧光粉的区域光线较暗不发光，这时就能很清楚地看到受压后试件表面裂纹分布特征。最后用相机照下该时刻的荧光图，便可记录下试件受压后表面的裂纹分布情况。另外为观测试件受单轴压缩作用时微裂纹的扩展特征，又选用普通光学显微镜对岩样表面裂纹扩展进行细观分析，即在岩样进行单轴加载时用普通光学显微镜同步观察岩样受轴向应力作用时表面微裂纹的形成和扩展过程，并通过显微镜系统配备的图像处理软件记录上述过程，通过对获得的图片处理分析就可以了解岩样表面微裂纹扩展特征。单轴压缩试验时采用位移加载，其加载速率为 0.1mm/min。

2.2.2 试验结果及分析

2.2.2.1 四种岩样单轴压缩特征

通过单轴压缩试验发现，国内三类岩样单轴试验中，纯盐岩强度最低，应变值最大；泥岩夹层的单轴强度最大，但应变最小；含夹层盐岩单轴抗压强度和应变值介于盐岩和夹层之间。图 2-12 为四种岩样的应力-应变曲线关系图，此结果与李银平等人（2006）的研究结果趋势相似，笔者进行的小尺寸岩样单轴压缩试验中含夹层盐岩的单轴试验没有出现应力跌落现象，这主要是因为笔者所取岩样为小尺寸长方体试件，试件没有包含完整的薄夹层，而是夹层（占 1/3 左右，主要由细晶粒盐与泥质钙芒硝组成）和盐岩（占 2/3 左右）各占一端，所以未能观察到应力跌落现象。另外还发现，本节中三种小尺寸岩样单轴压缩试验的获得的最大应力值和应变值（纯盐岩平均最大应力值为24.22MPa，含夹层盐岩平均最大应力值为28.05MPa，纯夹层平均最大应力值为29.16MPa）要大于李银平等人（2006）得到的大尺寸岩

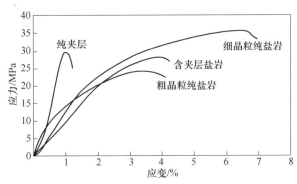

图 2-12 四种岩样单轴压缩应力-应变曲线

样的应力和应变值，说明盐岩和泥岩同样存在尺寸效应。值得说明的是，笔者增加了一组细晶粒纯盐岩（巴基斯坦盐岩），以便对比分析国内盐岩与国外盐岩的裂纹扩展分布特征。单轴压缩试验发现国外细晶粒纯盐岩试件在单轴压缩作用下其延展性和强度均要比国内粗晶粒纯盐岩大，巴基斯坦细晶粒纯盐岩的平均单轴抗压强度约为35.62MPa，且单轴破坏形式也与国内盐岩存在一定差异。

2.2.2.2 纯盐岩表面裂纹分析

纯盐岩在单轴压缩条件下表面裂纹扩展分布规律与盐岩结晶晶粒大小及晶粒均匀性具有相关性，裂纹主要由盐岩晶粒相互错动而成。

单轴加载时纯盐岩表面裂纹先由盐岩晶粒间的相互错动开始，形成微小的裂纹，随着轴向应力的持续增加，晶间微裂纹开始进一步扩展，形成贯穿几个晶粒边界的长裂纹，初始形成的长裂纹近似平行于加载方向，之后裂纹开始沿晶界面随机扩展或沿应力最大值方向连通扩展，在应力达到峰值时初始形成的平行于加载方向的长裂纹快速扩展最终贯通整个岩样，同时纯盐岩表面还随机分布很多微小晶界裂纹，很少有穿晶裂纹产生，说明纯盐岩表面裂纹以晶粒间相互错动形成晶界裂纹为主。值得说明的是，晶粒大小及晶粒分布均匀性对岩样裂纹扩展趋势起主导作用，大结晶颗粒盐岩（云应、金坛地区盐岩）受轴向载荷时裂纹沿晶界向加载方向扩展，同时随机分布着一些衍生裂纹，多为脆性错动裂纹；细晶粒盐岩（巴基斯坦盐岩）裂纹也是以晶粒错动为主，但分布更具规律性和局部性，微裂纹主要分布在主裂纹周围，主裂纹以剪切裂纹为主；由图 2-13 可看出两类纯盐岩表面裂纹分布的区别。

2.2.2.3 泥质夹层表面裂纹分析

泥质夹层由矿物成分种类多且分布不均，在单轴应力作用下表面裂纹扩展分布更为复杂，根据矿物成分和组成结构不同而不同，但其共同点是当泥质杂质呈

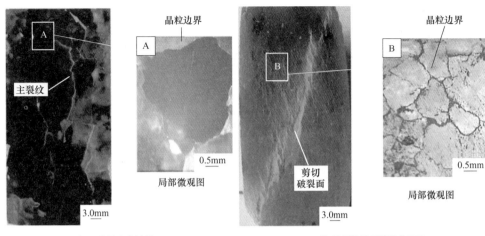

(a) 粗晶粒纯盐岩试件(Y4)   (b) 细晶粒纯盐岩试件(Y1)

图 2-13   盐岩加载后表面裂纹荧光图及细观图

带状或成片分布且贯穿试件时最易形成主裂纹，夹层中少量盐晶粒和泥杂质存在的地方易产生大量松散型裂纹，破坏时多伴随掉块现象。

从纯夹层岩样受压后裂纹分布图 2-14 可看出，其在单轴加载过程中首先形成微小裂纹的部位是多类矿物交错非均匀沉积在一起的结构部位，特别是硬石膏中间夹杂少量盐晶粒和泥质杂质时，造成沉积的不连续性形成很多随机分布的沉积纹理，其中近似平行于加载方向的纹理随加载的增加最易形成破坏裂纹，也是最易形成松散型破坏的地方，这些交界面也是微小裂纹分布最多的部位；在应力接近峰值时，弱面处主要微裂纹迅速扩展成贯穿整个岩样的主裂纹，主裂纹扩展方向受岩样表面明显弱面的影响，但只要不出现贯通岩样横截面的弱面，主裂纹多近似平行于加载方向。主裂纹产生前后会伴随很多次生裂纹产生，这些次生裂纹多分布在弱面区或主裂纹带区。

2.2.2.4   含夹层盐岩表面裂纹分析

在含夹层盐岩（夹层与盐岩共存的分层盐岩）单轴加载试验中发现，这类岩样表面可分为上、中、下三部分，上部纯盐岩裂纹分布以晶间错动裂纹为主，与纯盐岩试件裂纹分布相同；中部盐岩与夹层交界处，此处裂纹分布根据交界面形式不同而表现出明显差异，盐岩与夹层以锯齿型过渡时裂纹除了晶间错动的裂纹外还有部分由杂质的存在形成弱面主裂纹，而盐岩与夹层分层沉积过渡明显，特别是有一层薄的泥质层过渡时，试件表面裂纹在交界处两端变化明显，交界处裂纹以泥质岩体碎裂裂纹为主，中间有几条主裂纹通过；下部夹层裂纹分布单一，主要为几条平行加载方向的主裂纹，次生裂纹较少。

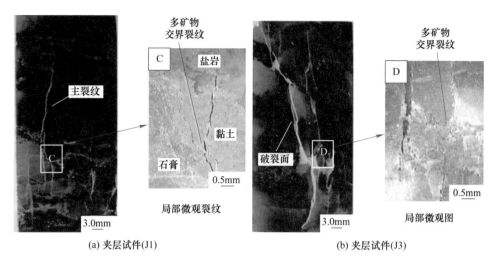

图 2-14　含夹层加载后表面裂纹荧光图及细观图

　　单轴加载试验时盐岩部分先产生微小裂纹，微裂纹先由盐晶粒间相互错动引起，随载荷的增大，错动微裂隙扩展成微小裂纹，在应力达到 1/3 最大应力值时盐岩与夹层交界处开始出现平行于加载方向的微裂纹，随着载荷的进一步增大，盐岩部分晶间微裂隙逐步连通扩展最后与夹层部分裂纹连接成一条明显的主裂隙，当应力达到峰值时，主裂纹完全贯通于整个试件，并伴随着大量微小裂纹产生。对交界处有一层明显的薄泥质层时，达到峰值强度时，此泥质层会出现碎裂性破坏。从图 2-15 可观察到上述裂纹扩展分布规律。

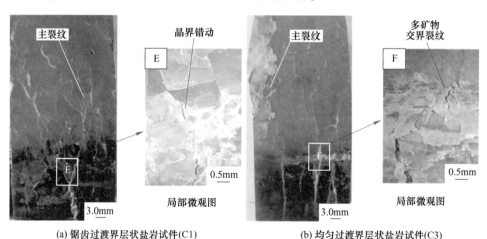

图 2-15　含夹层盐岩加载后表面裂纹荧光图及细观图

⟨2.3⟩ 裂隙扩展演化机理

2.3.1 裂隙扩展方式及其演化

根据盐岩温度热损伤裂纹分布特征和单轴压缩破坏形态，裂隙扩展贯穿方式分为三种类型：张拉裂隙扩展贯通、剪切裂隙扩展贯通、压剪复合裂隙扩展贯通。

2.3.1.1 张拉裂隙扩展贯通

（1）无外应力作用，膨胀或收缩产生的内应力引发的张拉裂隙。当最大主应力垂直于裂纹且应力方向相反（单一拉应力）时最容易引发张拉裂纹，2.1节中介绍的盐岩和夹层的温度损伤裂隙大部分是拉应力引起的张拉裂隙，盐岩和夹层在温度作用下，盐岩晶粒失去结晶水，加上温度差效应促使晶粒体积发生变化，从而引发收缩或膨胀性拉应力形成张拉裂纹，夹层岩体因矿物成分多样，不同矿物间的温度效应差异同样会产生拉应力形成张拉裂纹。这说明在没有外力作用的条件下，温度对盐岩和夹层裂纹扩展影响较小，然而当温度很高时，岩体失去结晶水也会引发裂隙损伤。

（2）应力作用引发的张拉裂隙。当裂隙倾角很陡时容易出现裂隙面张拉贯通破坏，2.2节单轴压缩试验中裂隙倾角为90°的裂隙基本为这类破坏方式。粗晶粒盐岩和夹层岩体容易产生张拉裂纹，主要是晶粒间的交界面开裂。

2.3.1.2 剪切裂隙扩展贯通

这类裂隙扩展破坏在2.2节中单轴压缩试验中细晶粒盐岩出现较多，粗晶粒盐岩晶粒间晶界面倾角和夹层中有原生层理或原生结构面倾角小于60°时也容易出现剪切裂隙。盐岩试件Y1中有出现（如图2-14所示），剪切初始裂隙由剪切应力产生，分支裂隙的方向基本平行于原裂隙，这类分支裂隙是在翼型裂隙扩展的过程中产生，并迅速成为裂隙扩展的主要方向，而且扩展方向基本平行于原裂隙，其剪切分支裂隙扩展过程中往往会伴有一些张性的次级裂隙产生，最后形成剪切裂隙贯通破坏面。

2.3.1.3 压剪复合裂隙扩展贯通

2.2节中试件单轴压缩裂隙扩展基本都是这种破坏形式，这类组合型裂隙是试验单轴破坏的主要裂纹形式，因为纯粹的张拉裂隙和剪切裂隙一般不会单独引发试件破坏。初始裂隙形成后，裂隙后端沿翼型裂隙张拉扩展，同时在裂隙前端产生剪切裂隙，裂隙前端呈现一种压剪至拉剪裂隙分布的过渡状态，沿次生剪切裂隙会产生较多呈放射性的羽状张裂隙，最终裂隙会在后端张拉贯通，前端剪出的一种拉剪复合破坏形式。

2.3.2 裂隙起裂判据

裂隙扩展过程中其端部的开裂形式可根据格里菲思理论（李世愚等，2010），假设裂隙为理想的裂纹，裂隙端部位移可分为三种基本形式：Ⅰ型裂隙（拉伸型或张开型）、Ⅱ型裂隙（面内剪切滑开型）、Ⅲ型裂隙（反平面剪切撕开型），如图 2-16 所示。分别将这三种基本裂纹形式叠加就可以得到裂纹端部变形及应力场分布情况。

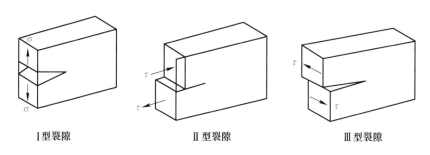

Ⅰ型裂隙　　　　　　　Ⅱ型裂隙　　　　　　　Ⅲ型裂隙

图 2-16　格里菲思理论中裂纹三种基本形式

裂隙端部在直角坐标系中 $y=0$ 平面上有：

Ⅰ型裂隙，$\sigma_x \neq 0$，$\sigma_y \neq \sigma_z \neq 0$，$\tau_{xy} = 0$；

Ⅱ型裂隙，$\tau_{xy} \neq 0$，$\sigma_y = 0$；

Ⅲ型裂隙，$\tau_{yz} \neq 0$，$\sigma_y = 0$，$\tau_{xy} = 0$。

通过确定作用于裂隙端点的力的大小来判定裂隙扩展是否保持稳定，以此来确定裂纹尖端应力强度。基于经典线弹性理论的基础，可建立线弹性各向同性体中的Ⅰ型裂纹端部的应力分布表达式直角坐标系形式如下：

$$
\begin{cases}
\sigma_x = \dfrac{K_{\mathrm{I}}}{(2\pi r)^{\frac{1}{2}}} \cos\dfrac{\theta}{2}\left(1 - \sin\dfrac{\theta}{2}\sin\dfrac{3\theta}{2}\right) \\[2mm]
\sigma_y = \dfrac{K_{\mathrm{I}}}{(2\pi r)^{\frac{1}{2}}} \cos\dfrac{\theta}{2}\left(1 + \sin\dfrac{\theta}{2}\sin\dfrac{3\theta}{2}\right) \\[2mm]
\tau_{xy} = \dfrac{K_{\mathrm{I}}}{(2\pi r)^{\frac{1}{2}}} \cos\dfrac{\theta}{2}\sin\dfrac{\theta}{2}\sin\dfrac{3\theta}{2}
\end{cases}
\tag{2-2}
$$

对于Ⅰ型裂隙端部的应力强度因子可定义为：

$$K_{\mathrm{I}} = \lim\left[\sigma_y(2\pi r)^{1/2}\right] \qquad (\text{当 } r \to 0,\ \theta = 0 \text{ 时}) \tag{2-3}$$

式中，σ_y 为垂直于裂隙面的拉应力。

分别将 τ_{xy} 和 τ_{xz} 代入式（2-3）中的 σ_y，就可以得到Ⅱ型和Ⅲ型裂纹的应力强度因子的类似定义。对于任意形式的裂纹端部的应力场一般有如下表达式（于骁中，1991）：

$$\sigma_\eta^L = K_L (2\pi r)^{1/2} f_\eta^L(\theta) \tag{2-4}$$

式中，$f_\eta^L(\theta)$ 为一个取决于加载形式的已知函数；K_L 为相应型式的应力强度因子，它体现了外载及裂隙系边界条件；上角标 L 为载荷的型式，$L=$ Ⅰ 、Ⅱ 或 Ⅲ 。

如果材料满足线弹性断裂力学的条件，则模拟裂隙的扩展需要两类参数：应力强度因子（可由解析方法确定，它是载荷及几何形状的函数）及适当的断裂韧度（表征材料性质的参数，由试验测定）。对于纯 Ⅰ 型及纯 Ⅱ 型裂隙，只要满足式（2-5）的条件裂隙就不会扩展：

$$\begin{cases} K_{\mathrm{I}} < K_{\mathrm{I\,C}} \\ K_{\mathrm{II}} < K_{\mathrm{II\,C}} \end{cases} \tag{2-5}$$

由单轴压缩试验结果可确定盐岩和夹层裂纹扩展形式基本为劈裂破坏或结合压剪破坏的复合形式，根据断裂力学理论分析可知，裂隙一般是沿最大拉应力扩展，即按 Ⅰ 型裂隙扩展，因此选用最大拉应力理论作为裂隙扩展判据（于骁中，1991）。最大拉应力裂隙扩展理论认为控制断裂的参数是裂纹端部的最大环向拉应力（ $\sigma_{\theta\max}$ ）。

对任意一个确定的复合型裂隙（指 Ⅰ 型和 Ⅱ 型裂纹混合组成的断裂面），裂纹端部的应力状态在极坐标系中表示为：

$$\begin{cases} \sigma_r = \dfrac{1}{(2\pi r)^{\frac{1}{2}}} \cos\dfrac{\theta}{2}\left[K_{\mathrm{I}}\left(1 + \sin^2\dfrac{\theta}{2}\right) + \dfrac{3}{2} K_{\mathrm{II}} \sin\theta - 2K_{\mathrm{II}}\tan\dfrac{\theta}{2} \right] \\[3mm] \sigma_\theta = \dfrac{K_{\mathrm{I}}}{(2\pi r)^{\frac{1}{2}}} \cos\dfrac{\theta}{2}\left(K_{\mathrm{I}}\cos^2\dfrac{\theta}{2} - \dfrac{3}{2} K_{\mathrm{II}}\sin\theta \right) \\[3mm] \tau_{xy} = \dfrac{1}{(2\pi r)^{\frac{1}{2}}} \cos\dfrac{\theta}{2}\left[K_{\mathrm{I}}\sin\theta + \dfrac{K_{\mathrm{II}}}{2}(3\cos\theta - 1) \right] \end{cases} \tag{2-6}$$

最大拉应力理论的特点是：

（1）裂纹在其端部沿径向开始起裂扩展。

（2）裂纹在垂直于最大拉应力的方向开始起裂扩展，在其扩展方向 θ_0 上 $\tau_{r\theta}=0$ 。

（3）当 $\sigma(\theta)_{\max}$ 达到起裂临界值（与材料类型相关的材料常数）时，裂纹开始演化扩展。

根据式（2-6），最大拉应力理论极坐标形式表达为：

$$\sigma_\theta (2\pi r)^{1/2} = \cos\dfrac{\theta_0}{2}\left(K_{\mathrm{I}}\cos^2\dfrac{\theta_0}{2} - \dfrac{3}{2} K_{\mathrm{II}}\sin\theta_0 \right) = K_{\mathrm{I\,C}} = 常数 \tag{2-7}$$

$$\tau_{r\theta} = \cos\dfrac{\theta_0}{2}\left[K_{\mathrm{I}}\sin\theta_0 + K_{\mathrm{II}}(3\cos\theta_0 - 1) \right] = 0 \tag{2-8}$$

此外，初始裂纹扩展增量的方向（即 θ_0 方向）可由式（2-8）求得：

$$K_\mathrm{I}\sin\theta_0 + K_\mathrm{II}(3\cos\theta_0 - 1) = 0 \qquad (2-9)$$

由式（2-9）可求得：纯Ⅰ型张拉扩展裂隙的起裂角 $\theta_0 = 0(K_\mathrm{I} = 0)$，纯Ⅱ型剪切扩隙的起裂角 $\theta_0 = 70.5°(K_\mathrm{I} = 0)$。

根据李术才等人（1998）压剪断裂理论，如果设原裂隙面与最小主应力的夹角为 α，则裂隙面的剪应力和正应力为：

$$\begin{cases} \tau = \dfrac{\sigma_1 - \sigma_3}{2}\sin(2\alpha) \\[2mm] \sigma = \dfrac{\sigma_1 + \sigma_3}{2} + \dfrac{\sigma_1 - \sigma_3}{2}\cos(2\alpha) \end{cases} \qquad (2-10)$$

剪应力 τ 迫使裂隙滑动，但由于正应力 σ 为压应力，会产生摩擦力 $f\sigma$ 抵抗这一滑动，这样有效滑动驱动剪应力 τ' 为：

$$\tau' = |\tau| - f\sigma - c \qquad (2-11)$$

式中，f 为原裂隙面的摩擦系数；c 为原裂隙面的黏聚力。

按极坐标系及式（2-6）在扩展裂纹 (r, θ) 处的 σ_θ，其中裂纹长度为 $2a$，σ_θ 可以表示为：

$$\sigma_\theta = \frac{3\,\tau'\,\sqrt{\pi a}}{2\sqrt{2\pi r}}\sin\theta\cos\frac{\theta}{2} \qquad (2-12)$$

这样就可以由式（2-6）和式（2-12）得出对应于扩展裂隙 θ 处的Ⅰ型应力强度因子为：

$$K_\mathrm{I} = \frac{3}{2}\,\tau'\,\sqrt{\pi a}\sin\theta\cos\frac{\theta}{2} \qquad (2-13)$$

分支裂纹沿着使 K_I 最大的方向扩展，因此开裂角 θ_0 可通过下式求得：

$$\frac{\partial K_\mathrm{I}}{\partial\theta} = 0 \qquad (2-14)$$

这样可以求得 $\theta_0 = 70.5°$，因此可得支裂纹起裂时的应力强度因子为：

$$K_\mathrm{I} = \frac{2}{\sqrt{3}}\,\tau'\,\sqrt{\pi a} \qquad (2-15)$$

当 $K_\mathrm{I} > K_\mathrm{IC}$ 时，裂隙将在压剪应力状态下起裂。

针对盐岩及夹层在盐穴建造过程中原裂隙面的摩擦系数 f 和黏聚力 c 因温度、卤水等因素作用将发生变化，所以摩擦系数 f 和黏聚力 c 是温度 T、含水率 ω、作用时间 t 的函数，可令 $f=f(T, \omega, t)$，$c=c(T, \omega, t)$，也就是说临界应力值 K_C 需要根据盐岩和夹层所处地质条件而定，将上述改进的摩擦系数 f 和黏聚力 c 代入起裂判据便可获得含温度、含水率和作用时长的起裂判据。因本章中试验多为单轴压缩试验，所以对于单轴压缩状态下的裂纹起裂判据只需令式（2-10）中

$\sigma_3 = 0$，其他等式形式不变，便可获得。

⟨2.4⟩ 本 章 小 结

本章通过对盐矿进行温度及单轴压缩下的裂纹扩展特征分析得出如下结论：

（1）高温作用会对盐岩产生明显的热损伤，并在盐岩表面会产生大量裂纹，这是由于肖特基缺陷引发的晶粒间错动和多种矿物颗粒不同的热膨胀系数及各向异性导致的。盐岩所含的夹层物质受到显著的高温影响，夹层与盐岩的交接面容易产生裂纹，在失去结晶水后夹层的物理性质改变明显，其表面的表现形式为颜色变淡并伴有表面结构破坏和裂纹的产生。

（2）通过对盐岩表面裂纹的分析和对其图片的灰度二值化处理，研究表明盐岩表面裂纹的发育和扩展程度可以有效地反映其自身的热损伤程度。

（3）通过分形理论求出盐岩表面裂纹发育和扩展的分形维数，分析了盐岩表面从50℃到260℃高温条件下热损伤的演化规律，在80℃到110℃温度梯度内盐岩表面开始出现裂纹，其裂纹的发育和扩展无序化随着升温过程先增大然后减小，在140℃至170℃梯度时达到最大。

（4）国内层状盐岩单轴强度随夹层含量增加而增加，变形能力随夹层增加而减少。国外细晶粒纯盐岩强度和变形能力要明显大于国内的粗晶粒纯盐岩，说明国内外盐岩的物理力学性质存在很大差异。

（5）纯盐岩由于盐晶粒强度远大于晶体胶结面的强度，单轴加载时表面裂纹多以晶界面错动裂纹为主。另外盐晶粒尺寸大小和均匀性决定了纯盐岩的破坏形式和表面裂纹分布特征，从宏观的角度来说晶粒越小分布越均匀，其受载时应力会较均匀地分布到各晶粒上，不易出现应力过于集中而引起快速破坏。

（6）纯夹层裂纹扩展规律受夹层矿物成分及结构形式有关，多种矿物夹杂沉积处最易产生裂纹，泥质杂质会弱化夹层强度，直接影响裂纹分布。

（7）含夹层盐岩单轴裂纹扩展受交界面形式影响，锯齿型交界面裂纹由盐岩部主裂纹向夹层处扩展，伴生微裂纹很少；而分层界面清晰，中间夹有很薄的泥质层时，薄泥层易形成大量松散型裂纹，主裂纹会穿过整个试件。

（8）基于Griffith断裂力学理论，针对盐岩和夹层无外力作用仅受温度作用后裂隙扩展主要为张拉型裂隙，以及单轴压缩过程压剪型裂隙并伴随张拉裂纹扩展特征，建立了张拉型裂纹起裂判据。

③ 盐岩损伤特征

③.1 试验条件及方法

3.1.1 试验条件

3.1.1.1 盐岩试件

考虑到国内盐岩试件不易获取，国内盐岩杂质含量高及杂质分布不均等因素会影响盐岩单轴损伤特性分析，本章大部分盐岩试件仍选用巴基斯坦高纯度盐岩。同时为了反映国内盐岩单轴损伤特征，部分试件选用湖北云应盐矿盐岩。盐岩试件形状和尺寸分为3种：第1种为立方体（尺寸为50mm×50mm×50mm），主要用于超声波技术分析单轴压缩损伤试验；第2种为长方体（尺寸为50mm×50mm×100mm），主要用于单轴损伤声发射试验；第3种为圆柱体（尺寸为直径50mm，高100mm），主要用于三轴卸围压试验。由于盐岩易碎、遇水易溶，因此，盐岩试样通过手工切割、打磨加工而成，试样加工均按照试验规范进行。所需用到岩体试件如图3-1（a）和（b）所示。

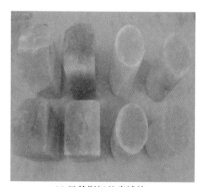

(a) 巴基斯坦盐岩试件 (b) 云应盐岩试件 (c) 夹层试件

图3-1 试验试件

3.1.1.2 夹层试验试件

一般高含盐率夹层在卤水浸泡作用下会发生溶蚀破坏，在造腔过程中出现整体垮塌的可能性很小，多为逐渐溶蚀破坏。而低含盐率夹层在卤水浸泡作用后逐渐软化，容易出现整体垮塌，需要针对性的研究。为了分析盐穴建造过程中不溶夹层的损伤特征，试验选用云应盐矿区的天然泥岩和泥质硬石膏岩，其不溶物含量高于90%。由于钻孔所取岩芯数量有限，为了保证试验中试样的数量要求，只能选择尽可能小的试样尺寸，试件尺寸为高60mm，直径30mm的圆柱体。试样加工均严格按照试验规范进行。所需用到岩体试件如图3-1（c）所示。

3.1.2　试验设备及条件

试验的主要目的是分析单轴压缩作用下，不同应变速率下盐岩损伤演化规律及声发射信号参数的变化规律。试验设备为：自行研制的三轴高温盐岩试验机（重庆大学煤矿灾害动力学与控制国家重点实验室）；日本AG-I250电子精密材料试验机；美国物理声学公司生产的DISP系列2通道/卡PCI-2全数字化声发射监测仪，本次试验设置的门槛值为45dB，声发射采样间隔时间为10s，频率为20~400kHz；恒温水浴箱；SONY高清数码摄像机（为了减小试验数据误差，试验中需保持加载过程、声发射监测和摄像同步进行）；RSM-SYS5型超声波检测仪（中国科学院武汉岩土力学研究所）、纵波换能器（经特殊加工可承受高压力，而不影响其声波收发）、声波测试夹具、长春市新特技术有限公司与中国科学院武汉岩土力学所共同研制的XTR01型微机控制电液伺服岩石三轴试验仪、溶解水槽、电子秤。试验装置如图3-2所示。

3.1.3　试验方法

3.1.3.1　试验方案1：基于超声波技术研究盐岩单轴损伤演化

盐岩受损后其内部裂隙将随之发育，对声波在盐岩体中的传播造成影响，通过测定试验过程中声波在盐岩单轴加载及循环加-卸载过程中波速的变化规律来定性分析盐岩损伤特征，于是设计了如下试验方案。

A　盐岩常规单轴压缩过程超声波波速测定试验

盐岩常规单轴压缩试验，测定加载过程中加载方向波速值（轴向波速）和垂直于加载方向波速值（侧向波速）。测定试件轴向波速时，将换能器放置在加载压头和盐岩试件之间，换能器外壳经过特殊处理能承受加载压力并将压力传递到试件，试件加载面与超声波换能器接触面用黄油耦合，以便提高测试精度测定盐岩非加载面波速变化（侧向波速），利用自制的固定装置将超声波换能器固定在试件的对称侧面上，同样用黄油作耦合剂。试验开始时同步打开超声波仪，记录整个加载过程中超声波传播速度、应力和应变值。

B　浸泡盐岩单轴压缩超声波波速测定试验

将盐岩试件放置在饱和卤水中浸泡72h（下文简称浸泡盐岩）后，对浸泡盐

(a) 盐岩单轴压缩波速测定装置图

(b) 盐岩三轴压缩试验机

(c) 盐岩单轴声发射试验装置

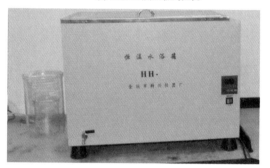

(d) 恒温水浴箱

图 3-2　试验装置

岩进行单轴压缩试验，并测定试验过程中浸泡盐岩轴向波速值和侧向波速值。

C　盐岩单轴循环加、卸载超声波波速测定试验

方案 a：阶梯式递增循环加、卸载试验方案，共分 6 个加载阶段，加载应力分别为 5MPa、10MPa、15MPa、20MPa、25MPa、30MPa。试验时载荷由 0 开始加载，加载到第 1 个阶段限定应力值 5MPa 时，开始循环加、卸载（卸荷下限值为该阶段设定上限应力值的 60% 左右），循环加、卸载 5 次后，沿原加载路径继续加载到下一阶段设定上限应力值，然后又开始循环加、卸载，同样循环 5 次后再继续加载，按同样的方式增加上限值进行循环加、卸载试验，直至加载到给定的最大设定上限应力值，测定整个试验过程的波速值。

方案 b：为了测定同一盐岩试件受压过程中轴向波速值和侧向波速值变化特征，对盐岩试件分 6 个阶段（5MPa、10MPa、15MPa、20MPa、25MPa、30MPa）

进行加、卸载试验。第 1 次加载到 5MPa 时停止加载，然后卸载取出试件测定其轴向波速值和侧向波速值，波速测定完成后继续进行加载，加载到 10MPa 时停止加载再取出盐样测波速值，按上述方法测定加载值为 15MPa、20MPa、25MPa、30MPa 时的轴向波速值和侧向波速值。

3.1.3.2 试验方案 2：基于声发射技术分析盐岩损伤特征

A 加载速率对盐岩损伤演化的影响

盐穴储库水溶造腔过程中，腔体围岩受卤水浸泡作用，卤水对围岩产生一定程度的影响。另外水溶造腔速度的变化将引起围岩所受压力发生变化，使得腔体围岩变形速率发生变化，围岩应变率变化对围岩产生不同程度的损伤。为了便于和已有类似试验结果进行对比分析，设计 3 种应变速率单轴加载试验方案，其应变率值分别为：$\dot{\varepsilon}_{1A} = 2 \times 10^{-3}\,\mathrm{s}^{-1}$；$\dot{\varepsilon}_{1B} = 2 \times 10^{-4}\,\mathrm{s}^{-1}$；$\dot{\varepsilon}_{1C} = 2 \times 10^{-5}\,\mathrm{s}^{-1}$。另外针对加载应变速率为 $\dot{\varepsilon}_{1C} = 2 \times 10^{-5}\,\mathrm{s}^{-1}$ 时，增加一组国内云应盐岩试件，便于两类盐在相同条件下的声学特征。

B 卤水对盐岩损伤演化的影响

盐穴储库建造深度一般介于 500～2000m 之间，其地层对应的地温约为 30～80℃ 之间。结合工程实际及便于试验结果分析，设计将试件放置在不同温度的饱和卤水中浸泡 30 天来模拟水溶造腔过程卤水浸泡环境（试验取 35℃、50℃ 和 70℃ 三种温度），另外试验增加一组 50℃ 烘干 48h 的盐岩试件做对比分析。需要说明的是，现场造腔过程中溶腔内卤水大部分为浓度较高的非饱和卤水，仅溶腔下部区域为饱和卤水，为了避免不饱和卤水溶蚀试件而采用饱和卤水，但这并不影响卤水浸泡作用对盐岩的损伤特征的影响分析，因为饱和卤水中的水分足以对盐岩产生相应的效应。为了减少卤水与加载面或摄像观测面盐岩发生溶解结晶作用，在浸泡盐岩试件时需在试件加载面和观测面抹一层薄黄油做保护，保证试验过程中数据的稳定性。盐穴建造过程中随着腔体体积逐渐增大，使得围岩体受到的竖向应力逐步增大，为了较好地反映腔体盐岩所受偏应力（竖向应力减去水平应力）缓慢增加过程及便于监测盐岩损伤演化过程，设计加载应变率为 $\dot{\varepsilon}_{CP} = 2.0 \times 10^{-5}\,\mathrm{s}^{-1}$ 的单轴压缩试验。

为了记录盐岩试件单轴加载过程中表面裂纹扩展过程及裂纹分布特征，上述两种试验方案均采用同步监测任意加载阶段盐岩试件的声发射信号参数和同步拍摄试件某个侧面裂纹扩展情况两种方式。表 3-1 对上述两种单轴声发射试验方式进行了列表统计。

表 3-1　基于声发射盐岩单轴试验方案

试件类型	试验前试件放置环境	加载速率/s⁻¹	备　注
巴基斯坦盐岩	室温静置	2×10^{-3}	
	室温静置	2×10^{-4}	
	室温静置	2×10^{-5}	
	50℃烘干2天	2×10^{-5}	
	35℃浸泡30天	2×10^{-5}	
	50℃浸泡30天	2×10^{-5}	
	70℃浸泡30天	2×10^{-5}	
云应盐岩	室温静置	2×10^{-5}	试件含杂质

3.1.3.3　试验方案 3：盐岩三轴卸围压扩容损伤试验方案

盐穴储库建造过程中，随腔体形状扩大，围岩所受横向压力逐渐减小，而竖向初始压力保持不变。针对这一工程实际，笔者设计了三轴卸围压试验分析盐岩损伤扩容的试验，即先将盐岩进行三向加载，当围压接近设定的三向应力状态时，保持轴压不变，缓慢减小围压，以此来模拟盐岩腔体围岩在造腔过程中围压不断降低、偏应力逐渐升高的应力过程。卸荷试验加卸载步骤如下：

（1）加载段。以加载速率为 0.02MPa/s 的速率，加围压至预定值 15MPa；再以加载速率为 0.05kN/s，加轴压至 25MPa，保证轴压和围压加载时间基本相同。使盐岩处于初始应力条件，并稳压 1min。

（2）卸荷段。近似模拟造腔过程中轴压不变，围压减小的应力变化过程。保持轴压 25MPa 不变，以较小的卸荷速率 0.005MPa/s，逐步降低围压至目标值 0。由于实际建腔期非常长，卸荷速率采用了相对较小的速率。

为了能突出卸围压盐岩扩容特征的影响，设计了 3 种试验方案：

（1）开展常规单轴压缩试验、常规三轴压缩试验和三轴卸围压试验，对比分析单轴、三轴压缩和三轴卸荷试验过程中盐岩变形及破坏规律，以此来说明三轴卸围压过程中盐岩变形及破坏特征。

（2）为了分析三轴卸围压盐岩扩容特征，设计初始轴压保持恒定 25MPa，采用 3 种不同初始围压（10MPa、15MPa、20MPa）开展卸荷试验；初始围压保持恒定 25MPa，采用 4 种不同初始轴压（15MPa、20MPa、25MPa、30MPa）卸荷试验，均保证相同的卸荷速率，按相同的卸荷试验步骤进行。

（3）为了分析卸荷完成后盐岩的力学变形特征，设计一组三轴卸围压蠕变试验。试验时，将轴压加载至 30MPa、围压加载 15MPa 时保持恒定，然后开始以较小的卸荷速率 0.005MPa/s 卸围压，当围压卸荷到 0 时，继续进行试验，观测卸荷完成后盐岩的蠕变特征。

⬡3.2 基于超声波技术盐岩单轴压缩损伤试验结果分析

3.2.1 盐岩常规单轴加载试验中波速的变化规律

3.2.1.1 盐岩单轴加载时轴向波速的变化

方形盐岩单轴应力-应变关系如图 3-3 所示，由图 3-4（a）中天然盐岩波速-应力曲线可以看出，在加载初期即弹性压密阶段，波速出现略微的增加；进入塑性变形微裂纹稳定扩展阶段，波速开始出现微小的减小，直到达到盐岩极限强度值 31.28MPa（注：个别试件在此阶段波速几乎没有变化）。事实上此阶段盐岩已出现明显的轴向变形，说明在此阶段内盐岩晶粒间从开始错动内部已出现损伤，但波速并没有反映这一过程，造成这一现象的原因是由于在加载方向应力会压实

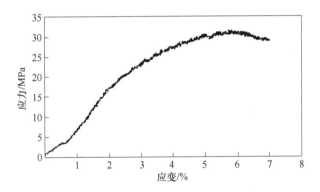

图 3-3　方形天然盐岩的应力-应变曲线

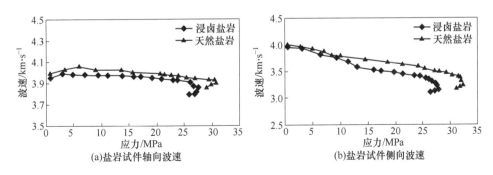

(a)盐岩试件轴向波速　　　　　　　　(b)盐岩试件侧向波速

图 3-4　天然盐岩和浸泡盐岩波速与应力关系比较

盐岩自身的裂纹，再加上盐岩自身良好的流变性能，在低应力下很难形成张开型脆性裂纹，最终使得波速变化很小。当应力达到盐岩的极限强度后，进入破坏阶段，波速出现跳跃式下降，且减小速率很大，这主要是因为盐岩已出现明显的张开型裂纹，降低了波速。这与韩放等人（2007）研究的岩石加载时声波应力曲线趋势相似，只是在裂纹稳定扩展阶段由于盐岩的高变形能力使波速变化不明显。从以上分析可知，轴向波速的变化规律在一定程度上反映了盐岩单轴强度变化过程。

3.2.1.2 盐岩单轴加载时侧向波速的变化

由图 3-4（b）中天然盐岩波速-应力曲线可以看出，从加载初期到极限强度值，波速几乎呈线性减小，而不像加载方向那样出现波速上升段，说明盐岩单轴加压下侧向由于可以自由膨胀和变形，没有明显的压密过程，使得波速持续减小，而且减小速率很大；当达到盐岩极限强度（32.49MPa）后，波速出现跳跃式减小，说明盐岩达到极限强度时，开始出现破坏损伤的盐岩会迅速改变波的传播速度；而后波速快速减小，说明破坏后阶段盐岩侧向急剧膨胀效应对波速影响很大。对比图 3-4（a）和（b）中天然盐岩应力-波速曲线发现，单轴压缩条件下盐岩侧向随应力增加而持续膨胀，即侧向的微裂隙始终处于张开或扩展状态，从而使得波速持续降低。说明轴向应力对盐岩造成的损伤对轴向和侧向的波速影响很明显，并具一定规律性。

3.2.1.3 浸泡盐岩常规单轴加载试验中波速的变化规律

从图 3-4（a）和（b）可以看出，受饱和卤水浸泡的盐岩在单轴压缩条件下，加载方向波速和侧面无压方向，波速随应力的变化关系与天然盐岩波速变化表现出同样的规律。说明饱和卤水浸泡对纵波在盐岩中的传播规律没有明显影响。值得说明的是，对比图 3-4（a）和（b）中的曲线可知，天然盐样的抗压强度要略高于浸泡盐样抗压强度，说明卤水的浸泡会降低盐岩的抗压强度。

3.2.2 盐岩单轴加、卸载试验中波速的变化规律

3.2.2.1 阶梯式循环加、卸载时轴向波速变化规律

从图 3-5 可以看出，阶梯式循环加、卸载过程中，波速整体呈减小趋势，这与常规单轴波速变化趋势相同；不同的是在循环加、卸载过程中，当卸载开始后，波速也会出现小幅下降，而且当再次加载后，波速又会回升，但并不能回升到开始卸载那点的波速值，而是略低于这个值。说明加载时轴向应力增加造成的盐岩损伤会降低波速，但轴向应力同时也压实了部分裂纹，使得加、卸载两种过程中波速的不同。此外，随着循环应力的增加，加、卸荷之间的波速变化量在增加，这主要是由于盐岩自身高流变性的特点，累积的塑性应变能通过晶格间的相互错动而逐渐释放，形成较稳定的损伤裂纹，使得盐岩在后期波速变化加剧。因此，从循环加、卸荷条件下波速的变化规律可以说明循环加、卸效应会加剧微裂

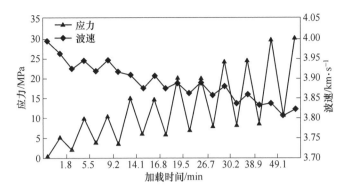

图 3-5 循环加、卸载波速随应力的变化曲线

纹的张闭效应,所以,应避免在建腔期出现过大的卸载过程。

3.2.2.2 完全加、卸载过程中轴向波速变化规律

从图 3-6 可以看出,盐岩在单轴完全加、卸载过程中表现出常规与单轴压缩试验中轴向波速和侧向波速相同的变化规律,只是轴向曲线波速减小率比单轴加压时的要大些,说明卸荷会使盐岩中部分闭合的裂纹张开。完全加、卸载试验时,波速均在应力卸为 0 后测得的波速值,可以说明加载方向波速减小率小于侧面无压方向波速减小率的原因,是由于加压方向盐岩晶粒相互错动挤压,其裂纹并不像侧向无测压时可以自由无限制地张开,而是被压缩闭合,但在侧向若有裂纹产生,裂纹并不会自行闭合而是逐渐张开,由于这种在侧向和轴向是两种不同的变形及损伤形式,使得轴向波速变化率要不同于横向波速变化率。水溶建腔期腔壁围岩轴向持续加载侧向卸荷,所以在实际应用中用侧向波速变化规律来分析盐岩的损伤更为合理。

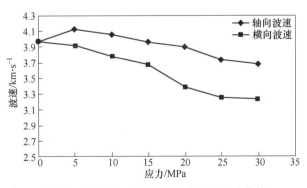

图 3-6 完全加、卸载波速随应力的变化曲线

3.2.3 基于超声波盐岩损伤定量分析

以上几组单轴声波试验表明,盐岩在加载或加、卸载作用下,其晶粒相互错

动促使裂纹的萌生、扩展。为了分析应力损伤与波速的关系，本书采用如下公式来定义损伤变量（Kawamoto 等，1988）。

$$D = 1 - (v_P/v_f)^2 \qquad (3\text{-}1)$$

式中，D 为损伤变量；v_f 为完整岩石的纵波速；v_P 为损伤试样纵波速。

采用式（3-1）对以上单轴声波试验中的盐岩进行损伤分析，值得说明的是，由于盐岩深埋地下，无法测得天然原盐岩的波速 v_f，所以文中均以开挖后但未加工的天然盐岩的初始波速来表示 v_f，取测得的 3 次测量值的平均值为 4.429km/s。

从图 3-7 可以看出，加载方向波速确定的损伤变量值随应力的增加，会出现先减小后增加的过程，且在极限强度之前变化很小。这主要是因为盐岩试件在采样及加工过程中已受到了一定程度的损伤，当加压时不平行于加载方向的裂隙均会有一定的闭合，使得轴向波速变化比较稳定，所以用轴向波速确定的损伤变量不能反映盐岩在加载过程的受损状态。但侧向波速确定的损伤变量随应力的增加而逐渐增加，其曲线斜率近似于盐岩单轴应力-应变曲线斜率，所以侧向波速确定的损伤变量在一定程度上反映了盐岩单轴加载条件下盐岩的损伤过程。

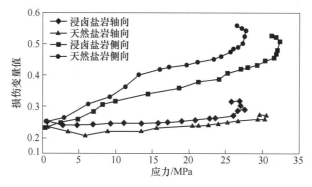

图 3-7　盐岩损伤变量随应力变化曲线

⟨3.3⟩ 基于声发射盐岩损伤特征试验结果分析

3.3.1　盐岩试件应力-应变特征分析

表 3-2 列出了巴基斯坦纯盐岩试件和云应盐岩试件在室温条件下进行的单轴不同加载应变速率试验结果，表 3-3 列出了受一定温度卤水浸泡作用后的巴基斯坦盐岩试单轴压缩试验结果。盐岩试件对应的应力-应变曲线关系如图 3-8 和图 3-9 所示。

表 3-2 不同加载应变速率下试验结果

盐类型	试件编号	加载应变率/s⁻¹	极限强度/MPa	弹性模量/GPa	峰值应变/%	达到峰值强度的时间/s
巴基斯坦盐岩	W3-1	2×10^{-3}	44.01	1.84	5.16	26
	W3-2	2×10^{-3}	39.71	2.31	5.03	23
	W3-3	2×10^{-3}	39.75	2.11	4.43	22
	平均值		**41.16**	**2.09**	**4.87**	**24**
	W4-1	2×10^{-4}	34.19	1.76	5.21	256
	W4-2	2×10^{-4}	36.62	2.07	5.24	276
	W4-3	2×10^{-4}	35.89	2.03	5.94	289
	平均值		**35.57**	**1.95**	**5.46**	**274**
	W5-1	2×10^{-5}	34.15	2.06	5.53	2764
	W5-2	2×10^{-5}	31.08	2.01	5.42	2918
	W5-3	2×10^{-5}	34.09	2.15	6.67	3181
	平均值		**33.11**	**2.07**	**5.87**	**2954**
云应盐岩	N5-1	2×10^{-5}	20.35	1.28	3.69	1794
	N5-2	2×10^{-5}	22.18	1.58	3.89	1903
	N5-3	2×10^{-5}	25.16	1.84	4.75	2367
	平均值		**22.56**	**1.57**	**4.11**	**2021**

表 3-3 单轴压缩试验结果

试件编号	试验条件	弹性极限强度/MPa	极限强度/MPa	峰值应变/%	弹性模量/GPa
Tw1o	50℃烘干48h	10.87	34.84	6.32	2.26
Tw2o		9.51	37.26	6.87	2.53
Tw3o		10.32	36.98	6.91	2.41
平均值		**10.43**	**36.13**	**6.44**	**2.37**
Tw1a	35℃饱和卤水浸泡30天	8.63	34.42	7.11	1.94
Tw2a		8.77	31.54	6.43	2.02
Tw3a		9.08	33.50	6.41	1.96
平均值		**8.83**	**33.15**	**6.65**	**1.97**
Tw1b	50℃饱和卤水浸泡30天	8.95	31.33	6.98	1.73
Tw2b		8.23	33.05	7.1	1.89
Tw3b		8.97	30.94	6.78	1.97

续表 3-3

试件编号	试验条件	弹性极限强度 /MPa	极限强度 /MPa	峰值应变 /%	弹性模量 /GPa
	平均值	**8.72**	**31.77**	**6.95**	**1.86**
Tw1c		11.59	30.9	5.93	1.68
Tw2c	70℃饱和卤水浸泡 30 天	8.09	26.88	4.85	1.83
Tw3c		9.06	29.77	5.63	1.87
	平均值	**9.58**	**29.18**	**5.47**	**1.79**

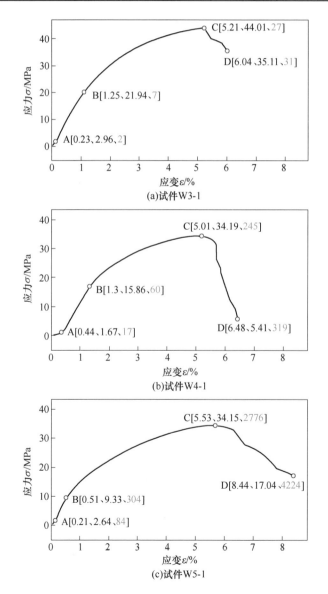

(a)试件W3-1

(b)试件W4-1

(c)试件W5-1

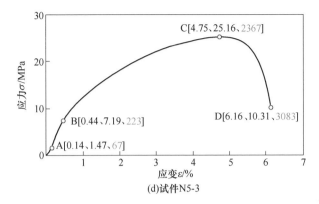

(d)试件N5-3

图 3-8　不同应变盐岩试件应力-应变曲线

注：图 3-8 中点 A、B、C、D 后方括号内的 3 个数值分别表示应力（单位为 MPa）、
应变、达到此应力值需要的时间（单位为 s）

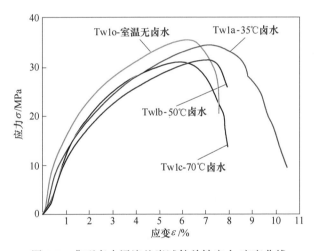

图 3-9　典型卤水浸泡盐岩试件单轴应力-应变曲线

3.3.1.1　盐岩应力-应变曲线特征划分

由图 3-8 和图 3-9 可知，无论是国内盐岩还是国外盐岩，或是试件所受的加载方式不同，或是试件经过不同的环境条件处理，其表现出应力-应变曲线整体形式基本一致。盐岩的应力-应变曲线特征均可根据其声发射率随应变变化特征（如图 3-10 所示）及岩石力学中关于应力-应变全过程曲线划分准则（蔡美峰，2002）进行划分：OA 段，孔隙裂隙压密段，试件中的初始微裂隙或张开性结构面逐渐闭合，对应的曲线呈上凹形状，如果按应力-应变曲线中总应变为基准值，则此阶段占整个试件应变的 4%左右；AB 段，弹性变形阶段，曲线近似呈直线，盐岩晶粒相互弹性压挤作用，几乎不产生破坏，此阶段占整个试件应变的 3.3%

左右；BM 段，塑性变形微裂纹稳定扩展阶段，曲线呈抛物上升曲线，盐岩试件内部微裂纹稳定扩展，此阶段占整个试件应变的 52.3%左右（M 点是根据声发射率曲线中声发射率在此阶段突然变化所确定）；MC 段，塑性变形微裂纹非稳定扩展阶段，曲线近似成水平，即应变快速增长，而应力变化极小，试件出现明显裂纹，此阶段占整个试件应变的 18.7%左右。在这个阶段，盐岩内部裂纹稳定扩展，裂纹生成的速度相对稳定且缓慢，Chan 等人（1995）指出盐岩在塑性变形过程中，试件内部翼型裂纹不断递增，这些翼型裂隙的稳定增加表现为声发射信号的逐渐稳定递增。当应力-应变发展到 M 点时，声发射率突然开始快速增加，应力接近盐岩的单轴峰值强度，说明此时部分翼型裂纹开始汇集形成破裂带，从而产生更多的声发射信号。M 点可以称之为 Kaiser 点，这可以作为盐岩试件进入失稳破坏的前兆；CD 段，破坏后阶段，大量贯通性裂纹形成，试件完全失稳破坏，承载能力快速下降，曲线形态变化大，此阶段占整个试件应变的 18.7%左右。

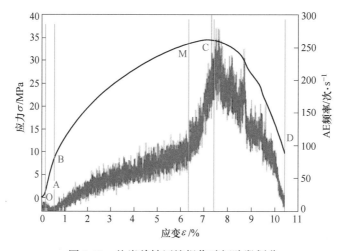

图 3-10　盐岩单轴压缩损伤破坏阶段划分

注：关于 M 点位置的确定，主要针对低加载应变速率而言，当加载速率很快时，试件裂纹扩展极为迅速，几乎很难确定裂隙由稳定扩展转向非稳定扩展的临界点。对于低加载应变速率而言，通过 AE 频率变化特征很容易就能确定裂隙由稳定扩展转向非稳定扩展的临界点

3.3.1.2　盐岩试件应力-应变特征对比分析

为了更好地分析应变率、卤水浸泡和盐岩种类在单轴应力-应变演化过程的差异，通过对比分析表 3-2、表 3-3 和图 3-8、图 3-9 可知发现两种盐岩材料力学特征，以及盐岩经卤水浸泡和受不同加载条件的应力-应变曲线演化特征。

（1）同一种盐岩随着加载应变速率的增加，盐岩的弹性极限强度 σ_p 和单轴抗压强度均略有增加，应变速率 $\dot\varepsilon_{1A}$，$\dot\varepsilon_{1B}$，$\dot\varepsilon_{1C}$ 对应的弹性极限强度 σ_p 分别约为峰值强度 σ_{max} 的 50%、45%、31%，小于大部分脆性岩石的 σ_p 所占的强度比例。加载应变速率对盐岩弹性模量影响较小，但盐岩变形由弹性变形向塑性变形过渡处应力值（弹性极限强度）随加载应变率增加而略有增加。在塑性变形阶段，盐岩塑性应变量随加载速率的增加而略有减小，即盐岩试件随加载应变速率的减小而表现出更加明显的塑性变形损伤特征。这使得盐岩试件在其峰值强度附近表现的延性越明显，其延展性随应变率减小而增加的梯度要远远高于脆性岩石材料（杨仕教等，2005），一般脆性岩石在同样的低加载应变率作用下仅表现出较小的塑性变形增强趋势。这进一步说明盐岩在低应力作用下会出现明显蠕变变形特征。从全应力-应变曲线可以看出，加载速率越慢，盐岩峰后变形值越大。

（2）对不同种类的盐岩试件，国外巴基斯坦高纯度盐岩的极限强度、峰值强度值对应的应变值均要高于国内云应盐岩试件。出现这种差异的原因主要有：1）盐岩矿物地域性差异，即成岩地质条件不同，主要表现在地质应力、沉积矿物成分、沉积年代和时间长度等；2）盐岩纯度不同，巴基斯坦盐岩纯度基本在 96% 以上，而国内盐岩纯度一般在 86% 左右，杂质对盐岩力学性质的影响较大，杂质不利于盐岩晶粒间的黏结和形变一致性；3）盐岩晶粒大小不同，巴基斯坦盐岩晶粒粒径比国内金坛和云应地区盐岩要小很多，粗晶粒盐强度和应变能力小于细晶粒盐岩；4）岩石结构形式不同，巴基斯坦盐岩结构单一，晶粒黏结性好，很少有杂质充填晶粒界面，而国内盐岩结构形式复杂，且存在大量杂质阻断晶界面（周宏伟等，2009）。另外，本节中笔者进行云应盐岩单轴压缩试验测得的弹性模量要小于国内其他学者（梁卫国等，2010）试验结果，主要是因为笔者单轴压缩试验采用应变率加载，采用割线计算引起的。

总的来说，国外高纯度、细晶粒盐岩的力学特性要优于国内盐岩，从另一个角度来说，国内盐穴储库建造过程更需注意围岩的稳定性分析。

（3）对同一种盐岩而言，卤水作用对其强度和变形均会产生一定的影响，表 3-3 列出的盐岩试件在 35~70℃ 的卤水中浸泡 30 天后其强度略有下降，但强度弱化并不明显，其对应的应变量变化也很小，图 3-9 给出了受卤水浸泡盐岩峰值强度随卤水温度升高的变化趋势。由图 3-9 可知，卤水温度的升高将会进一步弱化盐岩试件强度和变形能力，但就试验中温度梯度变化情况对盐岩强度和变形弱化相对而言是比较小的。也就是说卤水对盐岩强度的影响不像其他岩体那样会随水的作用而发生非常大的弱化作用，这就说明盐穴储库建造过程中卤水对盐岩的弱化作用可以不考虑或进行适当的强度折减。

3.3.2 加载应变率与声发射关系

声发射是岩石材料在外力作用下其内部裂纹萌生、扩展引起的弹性能释放现象，所以声发射信号参数（振铃计数、能量、幅度等）能反映岩石内部微裂纹的动态演化过程（Tang 等，1990）。由图 3-8 和图 3-9 可以得出不同应变速率条件下盐岩的应力强度特征、弹性模量和应变等力学参数变化特征，但不能很好地反映应变率对盐岩损伤破坏的影响，如不同加载应变速率对盐岩试件的损伤演化过程及损伤程度。而通过声发射信号振铃计数却可以较好地反映加载应变速率对盐岩损伤、破坏的影响程度。盐岩由于其特有的物理力学特性，在单轴压缩试验中，不同加载应变速率下盐岩表现出不同的声发射特征，如图 3-11 所示。对比分析表 3-2 和图 3-11 可知：

（1）加载速率为 $\dot{\varepsilon}_{1A} = 2\times10^{-3}\,\mathrm{s}^{-1}$ 时，加载初期就出现了非常密集的声发射振铃计数信号，也就是说最高的声发射频率出现在加载初期，即盐岩由弹性压密阶段向弹性变形阶段过渡的阶段；而在线弹性变形阶段之后出现一段无声发射信号的平静期。产生这种现象的原因主要是：过快的加载速率（类似于冲击载荷）作用下，盐岩试件内部初始裂纹与孔隙瞬间碰撞时挤压闭合，形成冲击破坏，从而产生大量声发射信号；而似冲击效应过后，因盐岩试件仍处于弹性变形阶段，瞬间积蓄的弹性变形因快速产生的裂纹空洞会有一定的回弹恢复空间，因此在这一时段内只出现由弹性变形的恢复而重新回到原来的弹性变形值，不会产生新的裂纹，监测不到声发射信号。当进入塑性变形阶段后，声发射信号又开始出现，但声发射信号事件数很少，声发射频率基本处于一个较低的恒定值，当将要达到盐岩峰值强度时，声发射信号频率快速增加，出现声发射频率值的第二个高峰，大量微裂纹衍生扩展成破坏主裂纹，促使大量声发射信号产生。进入破坏阶段后，声发射信号频率又降低到一个较低的恒定值。盐岩达到峰值强度后，导致盐岩试件失稳破坏的主要裂纹已经形成，应力快速降低，不足以产生大量新裂纹，主要为已形成的主裂纹相互错动而产生的声发射信号。

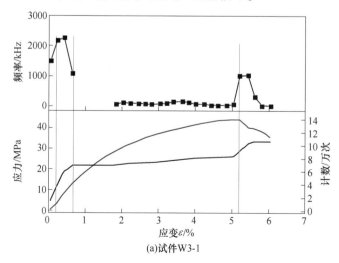

(a)试件W3-1

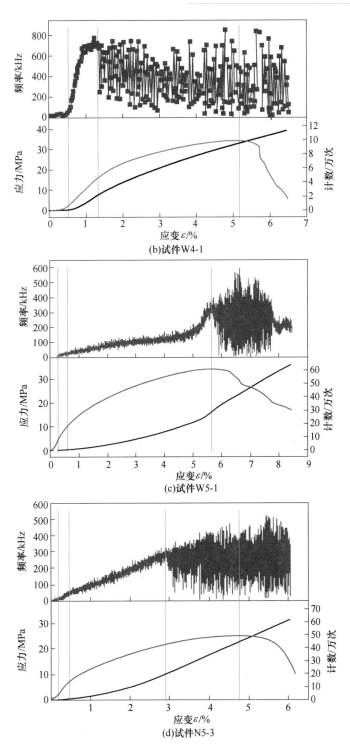

图 3-11 声发射频率、声发射累计数、应力与应变关系

（2）加载速率为 $\dot{\varepsilon}_{1B} = 2\times10^{-4}\,\mathrm{s}^{-1}$ 时，弹性压密阶段声发射信号频率很低，频率值趋于平稳。当进入线弹性阶段后，声发射信号频率开始增加，且呈线性增长，其趋势与应力-应变关系变化趋势相似。此加载速率下，盐岩的弹性变形特征被很好地表现出来。由于盐岩试件晶粒大小分布不均（尽管盐岩力学性质在宏观上表现出均匀性），晶粒间产生的弹性应变不同，这种不均衡变形使弹性能释放，从而表现出渐增式声发射信号。盐岩应变由弹性过渡到塑性阶段时，声发射信号频率值开始呈波浪形起伏变化，其频率值波动幅度较大；当快进入峰值强度时，声发射信号出现一个较高的频率值。由于加载速率的影响，在塑性变形阶段，裂纹不断产生，产生大量的声发射信号，随后生成的裂纹孔隙又被压合，这一过程不利于声发射信号的形成，在这样的加载应变率作用下，裂纹张合过程表现为声发射信号频率的高低变化过程。破坏后阶段，盐岩强度达到极限强度后，盐岩声发射信号频率仍呈波浪式变化，其声发射信号变化规律与塑性阶段类似，但出现了破坏后瞬间声发射信号平静期。从整个加载过程来看（不包含破坏后阶段），声发射信号累计数与应变的变化关系与应力-应变关系一致，也就是说，声发射信号频率累计曲线较好地反映了盐岩在达到峰值强度前应力-应变过程。

（3）加载速率为 $\dot{\varepsilon}_{1C} = 2.0\times10^{-5}\,\mathrm{s}^{-1}$ 时，弹性压密阶段几乎没有声发射信号，说明加载速率较慢时，盐岩试件内部初始裂纹和孔隙在应力作用下缓慢地闭合，不利于应变能的积累与释放，故不产生声发射信号。进入线弹性变形阶段，声发射信号才开始出现，但线弹性变形阶段信号频率也很低。因加载速率很慢，晶粒间不均衡弹性应变有足够的时间相互协调平衡，因此不会出现与加载速率 $\dot{\varepsilon}_{1B}$ 时那样明显的渐增式声发射信号变化规律，仅出现较弱的渐增式信号。盐岩由弹性变形到塑性变形阶段，声发射信号频率缓慢增加，未出现明显波动。在这一阶段，盐岩内部裂纹稳定扩展，在应力作用下，裂纹不断生成并被压密，但因加载速率很慢，裂纹生成的速度也很慢，随后又被缓慢地压密闭合，因此声发射信号频率较低，波动很小，随着应力的增加，声发射频率（平均值）缓慢增加。应力快达到峰值强度时，声发射信号频率开始快速增加，因大量微裂纹扩展汇集成主破坏裂纹，大量声发射信号产生。达到峰值强度后，声发射信号频率呈震荡型变化，此时岩石已破坏，大量贯通性裂纹形成，使得加载时破裂面的压密闭合时间变长，出现声发射信号频率减小，因加载速率慢，而岩石没有完全失稳，大量裂纹在压密闭合过程中相互错动、挤压的同时产生大量次生裂纹，促进声发射信号产生。由此可以看出，AE 累计数曲线很好地反映了应力-应变曲线关系及盐岩损伤演化过程（如图 3-11（c）所示）。

对比图 3-11 各曲线可知，加载应变率对盐岩声发射信号有明显影响。一般加载速率越快，单次声发射信号频率越高，而累计声发射信号数越少。声发射信号频率变化幅度反映了盐岩在加载过程中裂纹生成速度及岩石的损伤程度，而声发射信号累计数则较好地反映了应力-应变关系，同时也反映了盐岩损伤演化过程。

3.3.3 卤水对盐岩单轴声发射特征的影响

盐岩在一定温度的饱和卤水中浸泡 30 天后，其声发射特征发生了一定的变化。图 3-12（a）为无卤水浸泡盐岩试件（50℃烘烤 48h）和图 3-12（b）~（d）浸泡在一定温度饱和卤水中盐岩试件的单轴压缩声发射-应力-应变曲线，考虑到篇幅的原因，在保证能反映试验规律的情况下，选择同种条件下具有代表性的试件展开分析。为了较好地说明卤水对盐岩单轴声发射特征的影响，笔者利用前文中对应力-应变-声发射率曲线阶段划分来分析其主要特征：

（1）弹性压密阶段。受卤水浸泡的盐岩试件在此阶段均出现少量声发射信号，且刚开始加载时就出现较为明显的声发射信号，而无卤水浸泡的盐岩试件在此阶段几乎没有声发射信号。通过对浸泡后的试件表面观测发现，盐岩试件在饱和卤水中浸泡后，其表面盐岩晶粒与饱和卤水中的 Na^+、Cl^-、SO_4^{2-} 等离子发生溶析结晶作用，使得试件表面原始裂隙被重新结晶的盐岩晶粒充填，当加载时裂隙中的新晶粒被压裂，促使声发射信号的产生，这是造成上述现象的主要原因。

（2）线弹性变形阶段、塑性变形微裂纹稳定扩展阶段。受卤水浸泡和不受卤水作用的盐岩试件表现出相似的应力-应变-声发射率曲线趋势。盐岩试件声发射信号频率随应力的增加而逐渐增加，近似呈线性增长。受卤水浸泡过的盐岩试件其声发射信号率随卤水温度的升高而略有增加，说明卤水作用条件下，卤水温度的增加在一定程度上会促进声发射信号的产生。

（3）塑性变形微裂纹非稳定扩展阶段。受卤水浸泡和不受卤水作用的盐岩试件表现出相似的应力-应变-声发射率曲线趋势。盐岩试件的声发射信号频率呈递增趋势发展，声发射率出现明显的波动变化，声发射数显著增加，说明裂纹快速萌生扩展促进声发射信号产生。从图 3-12（b）~（d）可看出随卤水温度的增加盐岩试件在单轴压缩过程中其累计声发射数而逐渐增加，但与图 3-12（a）相比，卤水浸泡后的盐岩试件其累计声发射数均要比没有卤水作用的盐岩试件少，说明卤水对盐岩试件的软化作用表现为抑制声发射信号的产生，另一方面，因卤水作用有利于盐岩重结晶作用，且卤水温度升高将进一步促进盐岩重结晶作用，故又表现为促进声发射信号的产生。

（4）破坏后阶段。卤水浸泡后盐岩试件声发射信号频率随应变变化趋势与无卤水作用盐岩类似，其差异性较小。

综合上述分析可知，当温度、卤水共同作用时，盐岩的单轴声发射率和累计振铃计数随卤水温度的升高而略有增加，但相对于常温无卤水作用的盐岩试件其声发射率和累计声发射数却有所降低。值得说明的是，盐岩试件其自身初始损伤状态、结构和杂质等因素对盐岩声发射特征同样有一定影响，所以在同样的条件下盐岩试件的声发射特征仍存在一定差异，但卤水对盐岩声发射总的影响趋势是可以肯定的。

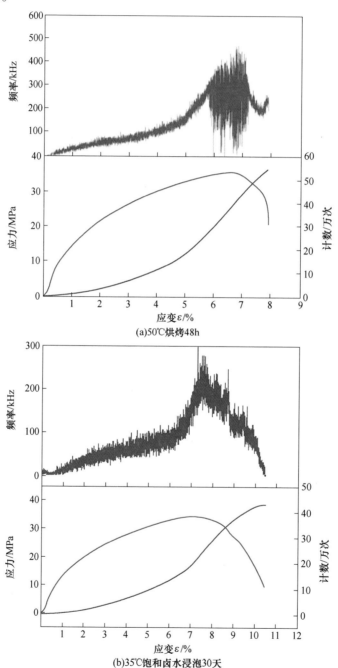

(a)50℃烘烤48h

(b)35℃饱和卤水浸泡30天

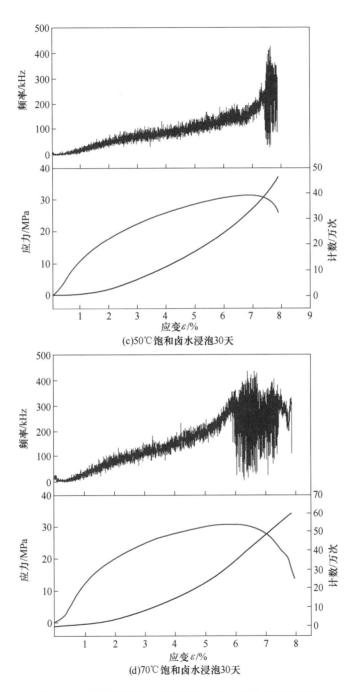

(c)50℃饱和卤水浸泡30天

(d)70℃饱和卤水浸泡30天

图 3-12 声发射频率、声发射累计数、应力与应变关系

3.3.4 盐岩破坏形式分析

盐岩晶体形状呈立方体，在晶面上常有阶梯状凹陷，具有完全的立方体解理，晶体聚集在一起成块状、粒状、钟乳状或盐华状。纯净的盐岩矿石无色透明，含杂质时呈浅灰、黄、红、黑等颜色，本章试验用的巴基斯坦盐岩为浅红色，云应盐岩为灰白色含黑色杂质。盐岩由于其特有的晶体形状和透光性质，在分析盐岩受载破坏时可以利用这些特性，盐岩损伤破坏后其透光度因裂纹影响而发生明显改变。试验结果表明，国内盐岩和国外盐岩的破坏形式主要为剪切破坏，针对不同加载速率下或受卤水作用的盐岩，其试件的破坏形式基本一致，但其破坏演化过程仍存在一定差异。单轴压缩试验过程中，盐岩试件的光泽亮度随着应力的增加而逐渐变暗，试件多表现为剪切滑移破坏，剪切面上伴有大量张拉微裂纹，因试件差异、加载速率和处理条件差异，几种盐岩试件的裂隙衍生方式仍存在一定差异，需单独分析。

图 3-13 列出了云应盐岩和巴基斯坦盐岩受不同加载应变率和卤水浸泡作用的单轴压缩损伤破坏过程，图 3-13（a）~（e）中分别有 4 张图片，从左往右分别为试件的弹性压密点、弹性极限强度、峰值强度和最终破坏 4 种情况下的试件表面图片，分别对应图 3-8 和图 3-10 中试件应力-应变曲线中点 A、B、C、D 时的状态。结合图 3-8~图 3-10 和图 3-13 观察到的试件破坏过程，总结盐岩试件破坏特征如下：

（1）不同应变率作用下，盐岩单轴压缩破坏过程中，对应阶段试件透光性依次为 $\dot{\varepsilon}_{1C} > \dot{\varepsilon}_{1B} > \dot{\varepsilon}_{1A}$，说明加载应变率越快，试件内部晶粒间的变形损伤越大，越不利于光线传播。从盐岩试件表面颜色变化还可以看出，单轴应力作用下试件内部最先变形破坏，此时盐岩试件中破坏的区域由原来的浅红色变为白色。由试验结果可知，一般盐岩试件最先变形损伤的部位为试件中部和有原始缺陷的区域。当试件完全破坏时，加载应变率为 $\dot{\varepsilon}_{1A}$ 的试件出现剪切滑移破裂带，剪切滑移带附近伴有密集的张拉裂纹，同时，试件的一个侧面出现较大区域片帮，伴有大量盐岩晶粒剥落，剪切滑移面有明显的位错。加载应变率为 $\dot{\varepsilon}_{1B}$ 和 $\dot{\varepsilon}_{1C}$ 的盐岩破坏形式与 $\dot{\varepsilon}_{1A}$ 类似，不同的是，应变率较小时，剪切滑移面附近的微裂纹越密集，发生片帮的区域越多，片帮掉落的晶粒粒径越小，破坏面越平整。当加载应变率为 $\dot{\varepsilon}_{1C}$ 时，试件出现 X 状共轭剪切破坏，其横向变形越明显，说明加载速率越慢，试件越倾向于发生剪胀破坏。从试件的最终破坏程度和破裂面断口特征可知，加载应变率越小，试件最终破坏程度越大，断口因剪切滑移破坏产生的碎屑越多，形成的碎屑颗粒粒径越小。加载速率越快，试件达到破坏所需的时间越短，带有一定的脆性破坏特点。

（2）云应盐岩低加载应变速率条件下的破坏形式同样为剪切破坏，整个破坏过程同巴基斯坦盐岩相似，但云应盐岩因其晶粒尺寸大，试件中含有杂质，其剪切破裂面不像细晶粒盐那样均衡，剪切破坏面晶粒错动破坏区域较大，杂质分布区有许多张拉裂隙分布。试件破坏断口掉落的晶粒要比巴基斯坦盐岩大，且分布在断口上的细小颗粒很少，说明剪切破裂面的研磨作用不明显。

(a) 国外盐岩试件W3-1

(b) 国外盐岩试件W4-1

(c) 国外盐岩试件W5-1

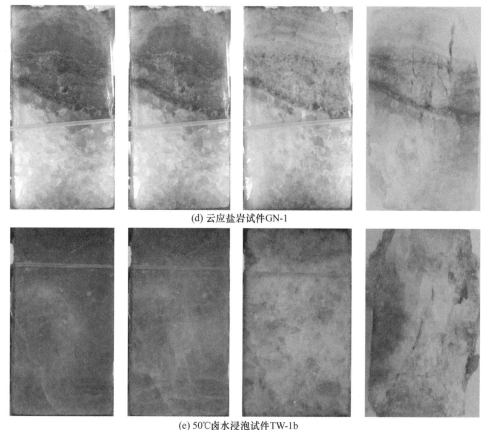

(d) 云应盐岩试件GN-1

(e) 50℃卤水浸泡试件TW-1b

图3-13 盐岩单轴压缩损伤破坏过程

（3）卤水浸泡作用后盐岩试件表面有卤水溶解重结晶作用，盐岩自身受卤水作用产生了一定的弱化作用，弱化主要表现在强度方面，试件最终的破坏形式与未受卤水浸泡作用的盐岩相似。说明卤水浸泡作用对盐岩破坏形式的影响非常小。

3.3.5 影响盐岩单轴声发射特征的因素分析

声发射技术在岩土工程及矿业工程中的应用很广泛，也取得了很多研究成果。由上述盐岩声发射试验研究结果可看出，应变率对盐岩声发射信号参数产生了明显影响，同时单轴加载过程中盐岩声发射振铃计数变化趋势不同于其他岩石，故对盐岩进行声发射参数分析时，有必要明确哪些因素会影响盐岩声发射信号。结合本书的试验结果和以往研究成果，认为影响盐岩声发射信号的主要因素可分为外因和内因两类因素，内因主要指盐岩自身矿物成分、矿物组成结构、结构尺寸等因素，外因主要指岩体所处的外在环境（如外部应力加载方式及接触形式等）。其中几类关键因素对盐岩声发射特征影响的具体分类情况见表3-4。

表 3-4 声发射信号影响因素

因素类型	具体形式	产生的结果
外因	加载路径	循环加载 AE 数要高于单调加载（许江等，2008；张晖辉等，2004）
	加载速率	位移加载：速度越快，AE 频率越高而 AE 累计数越少；应力加载：速度越快，AE 频率越高（万志军等，2001）
	边界条件	端部摩擦产生噪音（许江等，2008）
内因	矿物成分	矿物成分引起的 AE 数差异性很大，也最明显（殷正钢，2005；尹贤刚等，2009）
	晶粒强度	强度越高，AE 数越少（尹贤刚等，2009）
	岩体结构	结构越松散，AE 数越高（殷正钢，2005；尹贤刚等，2009）
	岩体均匀性	分布越均匀，AE 数越少（孙成栋，1981）

3.3.6 基于声发射特征盐岩单轴损伤本构模型

Wawersik 和 Krajcinovic 等人提出的损伤理论（余寿文等，1997；Krajcinovic 等，1982；Wawersik，1970）认为，损伤即岩石材料中的微裂纹与微空洞，这些微裂纹与微空洞一旦形成则不能承受任何应力，在此基础上利用应变等价性假说建立岩石的损伤模型，该理论主要研究初始损伤的几何特性对后继损伤形成的影响，不注重微观损伤对宏观应力应变的影响，为了处理的方便，可以不考虑材料损伤部分的承载能力，故这种直观定义是必要的。但盐岩作为软岩类结晶岩体，在压缩载荷作用下，主要关注微观损伤对宏观应力应变的影响，所以材料损伤部分的承载能力不能忽略，如果忽略损伤部分材料的承载能力，就不能反映岩石随围压增大而由软化特性逐渐转化为硬化特性这一实际情况。因此，曹文贵等人（2006）认为，"损伤"为线弹性应力失效，即由线弹性应力状态向非线性应力状态的转化。这种抽象的"损伤"定义不局限于材料损伤后的具体形态，认为材料的损伤部分并非不能承担应力，而仅仅是发生了应力性状的改变。

3.3.6.1 材料损伤模型定义

假设在应力作用下产生损伤的岩石由两部分组成，即未损伤材料和损伤材料，这两部分均能承受一定应力，岩石材料的总载荷由这两部分材料共同承担。由图 3-14 所示，设岩石材料所受应力（即名义应力）为 σ_i，其作用面积为 A；其中未受损伤材料部分（如图 3-14 阴影部分）应力为 σ_i'，相应的作用面积为 A'；损伤材料部分（如图 3-14 空白部分）所受应力为 σ_i''，相应的作用面积为 A''，则：

$$\sigma_i' A' + \sigma_i'' A'' = \sigma_i (A' + A'') \tag{3-2}$$

$$\sigma_i' \frac{A'}{A} + \sigma_i'' \frac{A''}{A} = \sigma_i \tag{3-3}$$

令 $D = A'/A$，即定义为岩石材料损伤变量，则式（3-2）或式（3-3）也可表示为：

$$\sigma_i'(1 - D) + \sigma_i'' D = \sigma_i \tag{3-4}$$

式（3-4）即为曹文贵等人（2006）建立的型岩石损伤模型，由此建立岩石的损伤本构模型必须首先建立起 σ_i' 与 σ_i'' 和应变的关系。

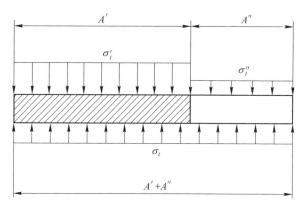

图 3-14 岩石损伤模型

（曹文贵等，2006）

3.3.6.2 单轴压缩有效应力与损伤应力定义

为了建立岩石单轴压缩低加载应变率损伤本构关系，曹文贵等人（2006）对损伤应力做如下假定：

（1）岩石在单轴压缩损伤之前应力-应变关系服从线弹性关系，即：

$$\sigma' = E\varepsilon \tag{3-5}$$

式中，E 为岩石的弹性模量。

（2）岩石材料在损伤之后为摩擦材料，其应力满足 Mohr-Coulomb 准则，即：

$$\sigma'' = 2c\tan\alpha \tag{3-6}$$

式中，$\alpha = \pi/4 + \varphi/2$；$c$ 与 φ 分别为岩石材料的黏聚力与内摩擦角。

将式（3-5）和式（3-6）代入式（3-4）有：

$$\sigma = E\varepsilon(1 - D) + 2cD\tan\alpha \tag{3-7}$$

3.3.6.3 基于声发射定义盐岩单轴压缩损伤演化方程

盐岩晶体形状呈立方体，在立方体晶面上常有阶梯状凹陷，具有完全的立方体解理，晶体聚集在一起成块状、粒状、钟乳状或盐华状。盐岩单轴压缩破坏过程中，主要表现为晶粒破坏和晶粒滑移，试件破坏过程中集聚的应变能快速释放，表现为声发射信号。由 3.3 节中低加载速率时声发射累计数与应变曲线关系可知，盐岩主要为剪切破坏，所以对盐岩损伤破坏可令试件剪切破坏面的总面积为 A，破坏面上总晶粒数为 N，当试件开始破坏时，试件中发生破坏的晶粒数为 n，则可定义盐岩单轴损伤变量 D 为：

$$D = \frac{n}{N} \tag{3-8}$$

如图 3-12 所示，声发射累计数与位移近似为指数关系。假设

$$n_e = b_1[\exp(b\varepsilon)] + b_2 \tag{3-9}$$

式中，n_e 为声发射累计数；ε 为试件轴向应变；b、b_1、b_2 为常数。

设定初始条件：当 $\varepsilon = \varepsilon_0$ 时，$n_e = 0$；当 $\varepsilon = \varepsilon_f$ 时，$n_e = N_e$。式中，ε_0 为声发射开始产生时的初始应变；ε_f 为试件完全破坏时总应变；N_e 为声发射总累计数。

将初始条代入式（3-9），则可求得：

$$b_1 = \frac{N_e}{\exp(b\varepsilon_f) - \exp(b\varepsilon_0)}, \quad b_2 = \frac{-N_e[\exp(b\varepsilon_0)]}{\exp(b\varepsilon_f) - \exp(b\varepsilon_0)} \tag{3-10}$$

将式（3-10）代入式（3-9）有

$$n_e = \frac{\exp[-b(\varepsilon_f - \varepsilon)] - \exp[-b(\varepsilon_f - \varepsilon_0)]}{1 - \exp[-b(\varepsilon_f - \varepsilon_0)]} N_e \tag{3-11}$$

假设声发射事件数与盐岩晶粒破裂数呈线性关系，即

$$n = \beta n_e, \quad N = \beta N_e \quad (\beta \geqslant 1) \tag{3-12}$$

损伤演化规律为

$$D = \frac{n}{N} = \frac{n_e}{N_e} = \frac{\exp[-b(\varepsilon_f - \varepsilon)] - \exp[-b(\varepsilon_f - \varepsilon_0)]}{1 - \exp[-b(\varepsilon_f - \varepsilon_0)]} \tag{3-13}$$

3.3.6.4 基于声发射定义盐岩单轴压缩损伤本构方程建立

根据上述对岩石损伤重新定义式（3-7）及损伤演化方程式（3-13），同时考虑到盐岩材料物理力学特征，可定义盐岩单轴损伤演化方程：

$$\sigma = \frac{E\varepsilon}{b_3 E\varepsilon \dfrac{1 - \exp[-b(\varepsilon_f - \varepsilon)]}{1 - \exp[-b(\varepsilon_f - \varepsilon_0)]} + b_4 2C\tan\alpha \dfrac{\exp[-b(\varepsilon_f - \varepsilon)] - \exp[-b(\varepsilon_f - \varepsilon_0)]}{1 - \exp[-b(\varepsilon_f - \varepsilon_0)]}}$$

$$\tag{3-14}$$

式中，b_3、b_4为材料常数，增加此常数是为了更好地反映盐岩的应力-应变特征。

式（3-14）即为盐岩低加载应变速率条件的损伤本构方程，此损伤本构方程由两个部分组成，第一部分，当应变在$0<e<e_0$区间时，盐岩无损伤产生，处于弹性阶段；而当加载应变在$e_0<e<e_f$区间时，试件开始出现损伤，并逐渐演化扩展。

通过3.3节中盐岩单轴压缩声发射试验可确定式（3-14）中初始参数b、b_3、b_4、ε_0、ε_f、c、φ。本节根据声发射试验图3-11（c）试件获得的参数值为$b=5.1$，$b_3=b_4=0.256$，$\varepsilon_0=0.005$，$\varepsilon_f=0.1$，$c=2$，$\varphi=32.5$。将上述参数代入式（3-14）便可得到考虑损伤的应力-应变曲线关系，如图3-15所示。从图3-15中可看出基于声发射盐岩单轴损伤本构方程能较好地反映盐岩单轴压缩峰值前的应力-应变曲线特征。

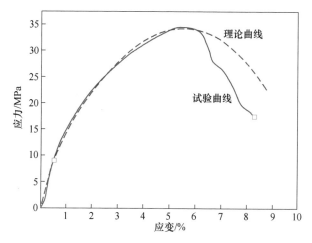

图3-15　基于声发射盐岩单轴损伤本构方程拟合曲线与试验值对比

关于上述单轴损伤本构方程的适应性讨论：从拟合曲线可看出，损伤本构方程对描述低加载应变速率峰值以前的盐岩应力-应变特征一致性很好，但不能较好地反映峰值之后单轴试件的破坏过程。主要是盐岩试件达到峰值强度后，主破裂面已形成，产生的声发射信号波动性要大很多，所以不能较好地反映峰后应力应变特征。

3.4　盐岩三轴卸荷扩容损伤机理

3.4.1　盐岩单轴、三轴压缩和三轴卸围压的扩容特征

岩石的力学特征与其受力历史和路径有关。试验将卸围压条件下的盐岩扩容特征与常规单轴压缩试验和三轴压缩试验中盐岩的扩容进行对比，以便确定卸荷

作用对扩容造成的影响。

在室温条件下，对 3 组盐岩开展单轴压缩试验、三轴压缩试验和三轴卸围压试验，其试验结果如图 3-16~图 3-18 所示。现根据体积应变-轴向应变和应力-应变曲线特征，以体积变化对进行阶段划分，以便对三轴应力状态下盐岩的扩容特征进行对比分析，其具体阶段划分为：

（1）第一阶段（OA，体积压缩段），随偏应力增加，盐岩体被不断压缩，体积呈现压缩减小的变化。在加载初期，原岩内部存在的不同程度的孔隙、裂隙，都会由于裂隙压密，出现体积上的压缩变形。

（2）第二阶段（AB，稳定扩容阶段），当偏应力达到 A 点时，盐岩试件体积由之前的被压缩转向膨胀增大，A 点即为岩体扩容点（三种应力状态下的扩容边界点存在一定的差异和各自的特点，将在下文中做具体对比分析）。这一阶段岩体体积开始缓慢增加，岩性由弹性向塑性变化。同时也反映出试件内部原始裂纹开始重新张开，随着偏应力的增加，在应力作用下晶粒间相互错动挤压，导致粒间距离增大，促使新的裂纹形成并演化。

（3）第三阶段（BC，加速扩容阶段），B 点之后，体积膨胀到超出原始压缩之前的体积，盐岩试件体积快速增加，试件体积持续增加直至试验结束（卸荷完成或者试件破坏）。偏应力增大至能够破坏晶粒间的相互作用时，使规律的移动变成时间上突发的、空间上杂乱的错动，由此形成裂隙，小裂隙贯通出现较大裂隙，此时体积应变增长较快。

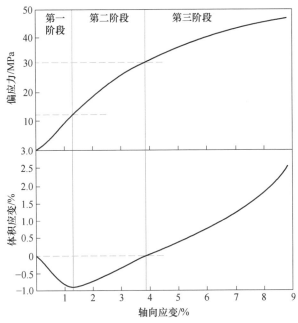

图 3-16　单轴压缩条件盐岩试件偏应力-轴向应变及体积应变-轴向应变曲线

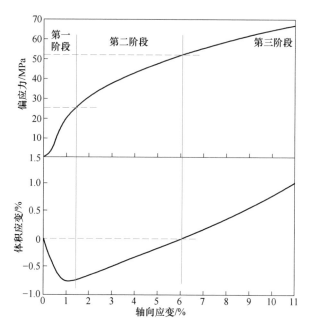

图 3-17 三轴压缩条件盐岩试件偏应力-轴向应变及体积应变-轴向应变曲线

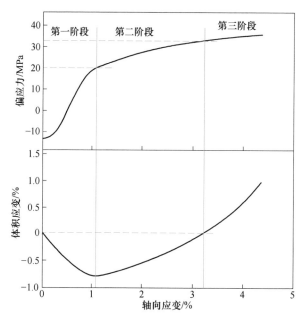

图 3-18 三轴卸围压条件盐岩试件偏应力-轴向应变及体积应变-轴向应变曲线

注：试验过程中开始加围压时，试件体积也有少量收缩，但因仪器原因未能较好地记录加围压时的体积收缩量。同时需要说明的是，图中试件的径向应变是利用目前常规的链式径向应变传感器，传感器放置在试件中部，而盐岩常规三轴压缩试验中试件中部横向变形最大，对应两端的横向变形要小很多，因此最终计算得到的体积应变值要比实际发生的体积应变值偏大，所以文中体积应变值均存在这种误差，但试验反映的结果趋势是准确的，只是测得的具体值需要进行适当修正

3.4.1.1　三种应力状态体积压缩特征对比分析

从图 3-19 中可看出三种应力作用状态下的体积变形曲线和应力-应变曲线特征存在各自的特点，OA 压缩段存在以下特征。

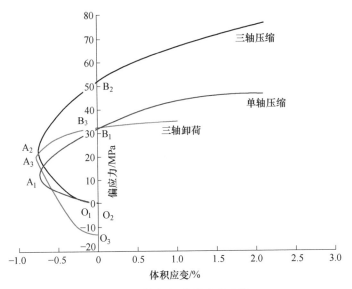

图 3-19　偏应力-体积应变曲线

注：O_3点横坐标即围压加载产生的体积压缩量，纵坐标即开始加轴压时，围压为 15MPa

单轴和三轴试验中压缩段呈现出下凹形，是由内部原生裂隙压密及弹性变形所致。卸荷试验中体积应变曲线呈平直状，这主要是卸荷试验开始时需先施加围压和轴向压力，用先加围压促使裂纹闭合，但并未引起轴向变形，所以图 3-19 中表现为轴向应变无变化而体积应变直线增加。当开始轴向加载时，试件压密阶段已完成，而表现为直线形的弹性压缩。另外试验主要关心的是卸载阶段，所以在使应力达到卸荷状态需要的初始三向应力状态的过程中，初始应力加载速率较快，这也会产生一定的影响。同时可以发现，三轴应力状态下体积应变的压缩下限基本相同。观察 A_1、A_2 和 A_3 可以发现，对于差异较小的试件，它们的压缩下限是基本相同的（体积应变 0.78% 左右），这是由于无论单轴还是三轴，被压缩的体积量主要是岩石内部空隙的体积，如果岩石性质相近，内部裂隙的差异较小，它们在应力作用下完全闭合后，体积的压缩比是相近的。

A 点压缩扩容过渡的形态不同，单轴的过渡过程比较"平缓"，甚至出现了短暂的水平直线段；卸荷试验表现得较为"突然"，从压缩到扩容出现了迅速的转换。它们出现扩容的机理不同。单轴试验中，应力逐渐增大，盐岩经过压密后，晶粒间出现滑移，岩石由弹性演变为塑性，出现扩容；卸荷试验中盐岩的应力条件发生了突然的改变：未卸荷时，盐岩初始应力较大，处于塑性状态，但是由于空间上和应力上的控制，晶粒的移动未超出破坏范围，相互之间产生的能量以势能的形式存储，一旦开始卸荷，稳定状态遭到破坏，能量逐渐释放，晶粒的相互移动就超出限制，产生损伤裂纹，体积变形上表现为立即出现扩容。可见相对于加载来说，卸围压引起的近似轴向加载方式对扩容是"有利"的。

3.4.1.2 三种应力状态扩容边界性质差异

对比图 3-16～图 3-19 可知，三种应力加载方式最终产生的扩容边界形式存在一定差异：

（1）单轴压缩试验时，应力-应变曲线中应力达到试件弹性极限强度时，试件体积应变由压缩转向膨胀，此时试件开始出现塑性变形，并诱发裂纹产生，增加试件内部孔隙而表现为体积增加，单轴压缩时盐岩扩容边界与试件弹性极限强度有关，这与岩体自身性质相关性很大，一般可直接通过岩体的单轴压缩弹性极限强度位置来确定单轴扩容边界点（多数岩体均存在此特征）。

（2）三轴压缩试验中，扩容边界点一般出现在应变出现一定的塑性变形后，当试件内部孔隙被完全压密时（定义此过程为"孔隙体积全压缩"），将发生扩容。扩容边界应力值的大小受多种因素影响（如加载速率，加载速率增加其扩容边界值将减小；又如孔隙压力，增加孔隙压力将加速岩体膨胀），Alkan 等人（2007）通过对盐岩三轴压缩试验发现，盐岩的三轴扩容边界值与八面体剪应力存在如下关系

$$\tau = \tau_{\max}\left(\frac{b\sigma}{1 + b\sigma}\right) \tag{3-15}$$

式中，$\tau_{\max}$ 为最大剪切应力；b 为与材料有关的常数。

（3）三轴卸围压试验中，扩容边界值相对较为明显，一般试件在前期加围压和加轴压过程中将试件内部孔隙压密，当停止加载时，只要应力状态保持不变，试件内部孔隙体积将维持这一状态。而一旦开始卸载，试件所受围压作用降低，试件便开始扩容，不会再出现像三轴压缩试验时的"体积全压缩"，这说明三轴卸围压过程中扩容边界点就是开始卸围压时的那个点。在盐穴能源地下储库建造过程中，利用水溶技术进行腔体建设，整个建造过程随着腔体的增大，使得腔体围压应力重新分布，多表现为围压逐渐减小的卸荷作用，也就是说真实造腔过程中，从造腔一开始，腔体围岩就表现为体积膨胀，而不会表现出像三轴压缩过程中那样的体积压缩过程。从上述试验可知，采用三轴卸围压试验时，试件的破坏要比采用三轴压缩试验发生得快，因此针对真实的造腔过程中需要更加注意卸荷引发的灾害。

3.4.1.3 三种应力状态扩容阶段特征分析

三种加载方式体积扩容段 AB 因加载方式的不同而表现出各种的特征。卸荷试验扩容的幅度（阶段内极小值和极大值的差值）较小。单轴试验扩容幅度约

为 3.5%，卸荷试验的扩容幅度近似为 0.9%。由于单轴试验是一种破坏试验，应力峰值达 46MPa，试件处于高应力时，扩容和损伤演化的速度较快，幅度较大；卸荷试验偏应力较小，试验最大偏应力 25MPa。观察 AB 段扩容在整个扩容中占的比例，单轴试验 AB 段扩容所占比例相对较大，原因是单轴试验的稳定扩容由裂隙扩张造成，加速扩容是试件裂隙逐渐贯通濒临破坏造成的；而卸荷试验这两段的产生机理不同，B 点时开始加速扩容是旧裂隙张开重新发育、新裂隙产生引起的。AB 稳定区间的长度不同，出现扩容后（A 点之后），体积应变随轴向变形呈线性变化的长度，单轴试验的线性段由轴向变形的 1.14% 持续到 6.02%，卸荷试验是 0.27%~1.67%。

相同偏应力下体积应变的对比：A 点之前压缩段，卸荷试验的体积应变比单轴试验要大得多。此阶段是空间的压密，在三维应力下，就会产生更大的体积应变。A 点之后扩容损伤段，卸荷试验的体积应变却又相对较小，其主要原因是，在围压作用下盐岩表现出典型的延性特征，岩石的轴向变形和径向变形比单轴时更大，但是体积应变增加不显著，即围压的"保护"作用。

卸荷试验的关键因素是其不断变化的围压。卸荷应力控制方式更容易出现扩容，扩容和偏应力有关，更和围压的大小密切相关；同样大小的偏应力下，围压对扩容有一定的抑制作用。

3.4.1.4 三种应力状态岩石破坏特征分析

单轴试验中试件裂纹开始连通，最终汇集成贯通裂纹，发生"X"形剪切破坏，形成上下两个锥形体。三轴压缩时试件受围压保护作用，其体积压缩变形非常大，出现明显的鼓胀现象并伴有大量微小裂纹，但盐岩具有良好的流变特性，在产生较大体积变形的情况下仍能保持较好的完整性。一般在围压较小时盐岩三轴压缩破坏多为蠕变式压剪破坏，而当围压很大时，试件多为鼓胀性破坏。三轴卸围压试验中，整个卸荷过程保持轴压不变，逐渐减小围压，这种应力状态下盐岩的破坏形式介于单轴压缩破坏和三轴压缩破坏两种破坏形式之间，多表现为剪切破坏伴有明显的张拉裂纹。需要说明的是，上述三种应力状态下盐岩的破坏形式主要针对本书试验条件，因加载速率和盐岩所处的环境对盐岩的破坏形式也有影响，所以上述结论只针对文章中提到的应力状态环境。

3.4.2 盐岩卸荷扩容速率特征

三轴卸围压试验是按照恒定应力变化率、匀速缓慢减小围压进行的，围压随时间匀速减小，对应的偏应力匀速增大。卸荷初期因初始围压较大，对应的偏应力值相对较小，所引起的体积应变变化比较缓慢，体积应变增加速率随时间呈缓慢增加趋势，近似呈线性关系。随着卸荷作用的持续进行，围压减小到一定程度，其形成的偏应力值增加到某个值时，盐岩体积应变值变化率增大呈加速增加，此后盐岩体积应变速率随时间加速增加。图 3-20~图 3-23 中所标出曲线的体积应变值由匀速增加转变为加速变化的转变点被定义为加速扩容点，此点对应的偏应力称为加速扩容临界应力值。当围压卸荷到 0 时，若不停止试验，盐岩将进入蠕变状态，开始出现蠕变变形，图 3-20 中围压为 10MPa 的曲线就是这种情况。表 3-5 列出了不同初始围压和不同初始轴压卸荷试验加速扩容点的应力值、体积应变和体积应变速率值。针对卸荷扩容特征做如下具体分析。

表 3-5　盐岩三轴卸围压试验加速扩容点参数值

| 编号 | 初始轴压 /MPa | 初始围压 /MPa | 加速扩容点应力坐标 | | 体积应变 /% | 扩容加速点扩容速度 $\varepsilon_v/\mathrm{s}^{-1}$ |
			临界偏应力/MPa	临界围压/MPa		
XW-1	25	10	20.12	4.88	0.24	2.29×10^{-4}
XW-2	25	15	20.12	4.88	0.24	1.23×10^{-4}
XW-3	25	20	20.12	4.88	0.24	7.73×10^{-5}
XZ-1	20	15	17.41	2.59	0.189	7.12×10^{-5}
XZ-2	25	15	20.07	4.93	0.235	1.21×10^{-4}
XZ-3	30	15	22.75	7.25	0.245	1.47×10^{-4}
XZ-4	35	15	27.05	7.95	0.251	1.77×10^{-4}

3.4.2.1　初始围压对扩容速率的影响

图 3-20 为盐岩在不同初始围压（相同初始轴压）条件下卸荷试验体积应变-时间曲线关系，因卸荷速率为等围压值匀速卸荷，偏应力与时间呈线性关系，所以此曲线同样可反映偏应力与体积应变间的关系。从表 3-5 和图 3-20、图 3-21 可看出初始围压越小，其对应的扩容速率越快，其对应的加速扩容点扩容速度随围压增加而减小。在相同初始轴压下，发生加速扩容时的临界偏应力值和临界围压值基本相同，其对应的体积应变值也相同。另外，从图 3-21 可看出，体积应变在达到约 0.24%，临界围压约为 4.88MPa 时，三种不同偏应力条件对应的偏应力-体积应变关系曲线基本趋于相似，这时三种不同初始应力状态逐渐变为相同的应力状态，所以可以确定围压卸荷为 0 后，其后期的体积应变速率趋势也将以同样的方式发展。这主要是因为在初始轴压相同的条件下，不同初始围压开始卸荷，当围压卸荷到一定值时，均会达到相同围压和轴压的状态，且卸荷速率相同，故最后形成相似的应力-应变特征。

3.4.2.2　初始轴压对扩容速率的影响

从表 3-5、图 3-22 和图 3-23 可看出在相同初始围压，不同初始轴压应力环境中，采用相同的应力卸荷速率，盐岩体积应变率随初始轴压的增加而增加，即扩容速率随初始轴压增加而增加。其对应加速扩容点扩容速率、临界偏应力和临界

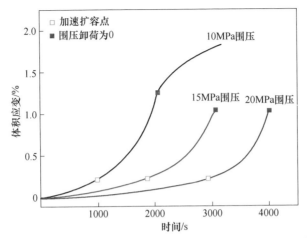

图 3-20 相同轴压-不同围压下体积应变与时间关系曲线

注：图中体积应变初始值为 0 是指体积由卸荷试件之前初始围压和轴压设定将体积压缩到最小值（准备进行卸载时的体积应变，对应图 3-19 中的 A 点），将该值及其对应的时间归 0 处理以便结果对比分析

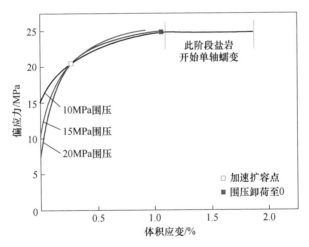

图 3-21 不同初始围压下的偏应力体积应变曲线

围压均随初始轴压值增加而增加。因为初始轴压不同，在相同的初始围压条件下，当围压卸荷为 0 时，最终形成的偏应力值直接与轴压相关，初始轴压越大其最终形成的偏应力值也越大，故围压卸为 0 后其对应的体积应变率也将越大。

3.4.2.3 关于盐岩三轴卸荷扩容速率讨论

为了能较好地分析三轴卸荷条件下体应变随时间变化的速率关系，即在恒定的卸荷速率下，体应变随时间的变化关系，选定一组较为典型的卸荷数据进行分

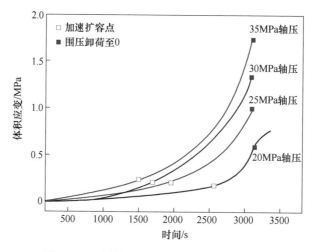

图 3-22 不同轴压下的偏应力-体积应变曲线

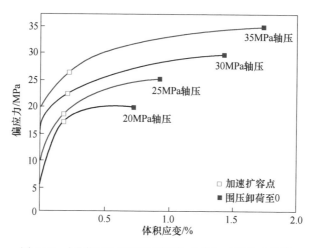

图 3-23 相同围压-不同轴压下体应变与时间关系曲线

析，该组试验是进行完卸荷过程后继续进行蠕变试验，这样能较好地反映建腔期腔体扩展到一定阶段停止扩展时围岩所受偏应力稳定而转向蠕变变形这一特征，其提取的数据单独描述为体应变-时间关系，如图 3-24 所示。根据图中体应变与时间的关系曲线，可拟合出体积应变与时间的关系式。从图 3-20～图 3-24 可知，尽管在卸荷阶段加速扩容点之前体应变随时间线性增加，而加速扩容点之后非线性增长，但从图 3-24 中可知卸荷扩容段相对蠕变阶段要小得多，所以针对图 3-24 中初始偏应力较大的情况，盐岩卸荷速率关系可分为两个阶段拟合，即卸荷阶段采用指数函数拟合。而当卸荷完成后，试件开始蠕变变形，卸荷形成的蠕变和三轴压缩蠕变相同，同样可分为初始蠕变阶段和稳态蠕变阶段，则盐岩卸荷体

积应变随时间变化可分为三个阶段:

$$\begin{cases} \varepsilon_{\text{I}} = d_1 e^{d_2 t} & \text{卸荷阶段 AC} \\ \varepsilon_{\text{II}} = \varepsilon_{\text{C}} + \alpha(1 - e^{d_3 t}) & \text{初始蠕变阶段 CD} \\ \varepsilon_{\text{III}} = \varepsilon_{\text{D}} + \beta t & \text{稳态蠕变阶段 D 点之后} \end{cases}$$ (3-16)

式中, ε_{I} 为 AC 段应变; ε_{II} 为 CD 段应变; ε_{III} 为 D 点之后应变; ε_{C} 为 C 点应变值; ε_{D} 为 D 点应变值; t 为时间; d_1、d_2、d_3、α、β 为与材料有关的常数, 其中 α、β 为与偏应力有关的系数。

则将式 (3-16) 对时间 t 求导便可得到盐岩卸荷扩容速率表达式:

$$\begin{cases} \dot{\varepsilon}_{\text{I}} = d_1' e^{d_2 t} & \text{卸荷阶段 AC} \\ \dot{\varepsilon}_{\text{II}} = \alpha' e^{d_3 t} & \text{初始蠕变阶段 CD} \\ \dot{\varepsilon}_{\text{III}} = \beta & \text{稳态蠕变阶段 D 点之后} \end{cases}$$ (3-17)

式中, d_1'、α' 为求导后的系数, 仍是与材料有关的常数。

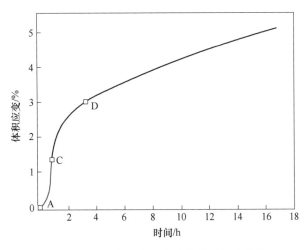

图 3-24 时间体积应变变形率关系拟合曲线

注: 该图为卸荷完成后又继续进行蠕变试验曲线图, 图中 A 点为开始卸荷点, C 点为卸荷完成点, D 点为蠕变阶段蠕变由初始蠕变转向稳态蠕变的转折点

总的来看, 初始围压的变化和初始轴压的变化引起的体应变速率存在如下特征: (1) 在初始轴压相同的情况下, 不同围压值最后引起的体应变值基本相同, 只是其卸荷初期的体积应变率随初始围压增加略有减小。(2) 在初始围压恒定的条件下, 初始轴压越大引起的体积应变速率也越大, 其在相同的时间内引起的扩容体积量也越大。(3) 在给定的应力状态下, 只要卸荷最终状态的围压不小于临界偏应力值, 试件的扩容速率将主要取决于初始偏应力引起的扩容速率。(4) 在给定的应力状态下, 当围压卸荷到临界围压值时, 试件将发生加速扩容,

当围压卸荷至零时，试件开始以单轴蠕变的形式开始蠕变，如果围压卸荷到某个值就停止，而保持这一围压不变，则此时试件将发生类似三轴压缩状态下的蠕变变形。而这种状态类似于盐岩水溶造腔引起的卸荷过程，随着水溶开采的不断进行，围压逐渐减小，围岩体积将不断膨胀，同时卤水压力又将起到一定的围压保护作用，使盐岩始终处在一个三轴卸荷过程，其扩容速率进而会表现的相对缓慢。（5）当卸荷完成后，盐岩试件开始进入蠕变阶段，蠕变变形速率的大小与卸荷完成时的偏应力值相关联。

3.4.3 卸荷条件下加速扩容点边界条件

从表3-5中卸荷试验数据可知，盐岩在卸荷条件下存在加速扩容点，因此可根据三轴压缩试验中扩容边界的定义对三轴卸围压条件下的加速扩容点边界进行类似定义。首先确定平均应力 σ 和八面体剪应力 τ（Alkan 等，2007）：

$$\sigma = \frac{1}{3}(\sigma_1 + 2\sigma_2) \tag{3-18}$$

$$\overline{\sigma} = |\sigma_1 - \sigma_2| = \frac{3}{\sqrt{2}}\tau \tag{3-19}$$

式中，σ_1 为最大主应力；σ_2 为最小主应力；$\overline{\sigma}$ 为绝对偏应力值；因试件为圆柱形，有 $\sigma_2 = \sigma_3$。如果 $\sigma_1 > \sigma_2$，式（3-18）可以写为：

$$\sigma_1 = \sigma + \frac{2}{3}\overline{\sigma} = \sigma + \sqrt{2}\tau \quad \text{或} \quad \sigma_2 = \sigma - \frac{\overline{\sigma}}{3} = \sigma - \frac{\tau}{\sqrt{2}} \tag{3-20}$$

结合表3-5和式（3-20）可建立上述卸荷试验中八面体剪应力与平均应力之间的关系曲线图，如图3-25所示。从上述分析可知，在保持轴压恒定（不主动

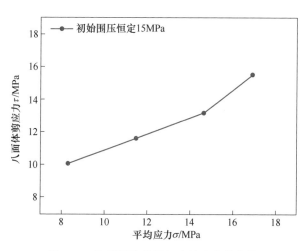

图 3-25 卸荷试验盐岩加速扩容边界曲线

增加）逐渐卸掉围压的条件下，其加速扩容点边界值与初始应力状态有关，同时也可推知盐岩所处的物理环境（温度、含水率、孔隙水压）及盐岩自身结构均有关系，因本试验数据有限，故未能建立较为普遍具体的卸荷扩容边界关系式。但针对文中试验情况是可以建立合适的卸荷加速扩容点边界条件：

$$\tau = k\sigma \tag{3-21}$$

式中，k 为常数。

式（3-21）与 Urai 等人（1986）研究高纯度盐岩的三轴扩容方程形式相同。说明卸荷过程中加速扩容点边界与常规三轴压缩试验中的扩容边界有相似的扩容机制。

3.5 基于卸荷理论盐岩损伤本构模型

图 3-26 为盐岩卸荷试验的典型偏应力-应变曲线，图中 AC 段为卸荷扩容段，C 点为卸荷完成点（围压在 C 点不再减小或围压已减小至 0），CD 段为初始蠕变阶段，D 点之后为稳态蠕变阶段。根据偏应力-应变曲线及卸荷盐岩试样的破坏机制分析，通过曲线拟合获得卸荷条件下盐岩卸荷本构方程及卸荷完成后的蠕变本构方程。

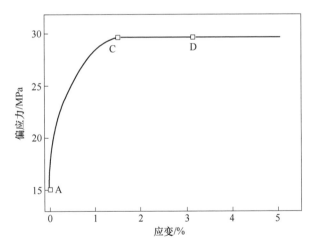

图 3-26　卸荷试验盐岩典型偏应力-应变曲线

注：该图为卸荷完成后又继续进行蠕变试验曲线图，图中 A 点为开始卸荷点，C 点为卸荷完成点，D 点为蠕变阶段蠕变由初始蠕变转向稳态蠕变的转折点

下面对卸荷盐岩试样各阶段的本构模型进行分析。

（1）卸荷扩容阶段（非线性弹塑性）。

对图 3-26 中曲线 AC 段进行拟合可得到卸荷条件下偏应力-应变关系：

$$\sigma = \sigma_1 - \sigma_3 = \sigma_A + \frac{\eta\varepsilon}{k + \varepsilon} \tag{3-22}$$

式中，σ_A 为开始卸荷时的初始偏应力；η、k 为材料常数。

式（3-22）便是盐岩三轴卸荷阶段的本构方程。

（2）蠕变变形阶段。

当卸荷完成后，围压不再减小，而轴压保持不变，故盐岩变形转变为蠕变变形机制。因卸荷形成的蠕变机制与常规三轴压缩阶段的蠕变变形机制相同，根据梁卫国（2006）、马洪岭（2010）等人对稳定蠕变阶段变形描述，可以确定式（3-19）中 α、β 是与加载应力有关的系数，则式（3-16）中 α、β 可写成如下形式：

$$\alpha = d_4\sigma \tag{3-23}$$

$$\beta = d_5\left(\frac{\sigma}{\sigma_m}\right)^n \tag{3-24}$$

式中，d_4、d_5、n 为材料常数；σ_m 为平均应力。

则将式（3-23）和式（3-24）代入式（3-16）便可得到卸荷阶段蠕变本构方程：

$$\varepsilon_{II} = \varepsilon_C + d_4\sigma(1 - e^{d_3 t}) \tag{3-25}$$

$$\varepsilon_{III} = \varepsilon_D + d_5\left(\frac{\sigma}{\sigma_m}\right)^n t \tag{3-26}$$

式（3-25）为初始蠕变阶段本构方程，式（3-26）为稳态蠕变阶段本构方程。

试件在卸荷过程中因损伤的影响其受力特征会发生一定的变化，3.3 节中建立了基于声发射的盐岩单轴压缩损伤演化方程，但单轴压缩和三轴卸围压试验中盐岩应力-应变曲线存在一定差异，同时考虑到盐岩试件进入扩容阶段后的变形趋势相似，可假设盐岩三轴卸围压时的损伤也服从式（3-10）损伤演化方程，这和 Alkan 等人进行的盐岩三轴压缩声发射特征相似，在卸荷条件下因不考虑弹性段变形所以可令式（3-10）中 $\varepsilon_0 = 0$，而最大应变量 ε_f 可视为与应力状态有关的材料常数，可定义为卸荷完成时达到的应变值 ε_C，盐岩损伤演化方程可描述为：

$$D = m_1 \frac{\exp[-b(\varepsilon_C - \varepsilon)] - \exp(-b\varepsilon_C)}{1 - \exp(-b\varepsilon_C)} \tag{3-27}$$

式中，b 为材料常数；m_1 为修正系数，表示卸荷引起的差异；ε_C 为卸荷完成时的应变值。

则在损伤状态下的等效应力值 σ^* 为：

$$\sigma^* = \frac{\sigma}{1 - D} \tag{3-28}$$

将式（3-28）代入式（3-25）就可得到卸荷条件下的损伤本构方程：

$$\sigma = (1 - D)\left(\sigma_A + \frac{\eta\varepsilon}{k + \varepsilon}\right) \tag{3-29}$$

同样，盐岩在蠕变时，其变形也会受损伤作用的影响，文献（陈锋，2006）列出盐岩在较快蠕变速率条件下的初始蠕变阶段和稳态蠕变阶段的声发射特征与应变的关系与3.3节中裂纹稳定扩展阶段变化趋势较为相似，假设蠕变阶段仍服从式（3-27）的损伤演化方程，则可令：

$$D = D_0 + m_2 \frac{\exp[-b(\varepsilon_t - \varepsilon)] - \exp(-b\varepsilon_t)}{1 - \exp(-b\varepsilon_t)} \tag{3-30}$$

式中，D_0 为开始蠕变时的初始损伤值；m_2 为修正系数，卸荷蠕变引起的差异；ε_t 为总的蠕变值，发生加速蠕变前。

则可获得卸荷蠕变阶段的蠕变损伤演化方程：

$$\varepsilon_{\mathrm{II}} = \frac{\varepsilon_C + d_4\sigma(1 - e^{d_3 t})\sigma}{1 - D} \tag{3-31}$$

$$\varepsilon_{\mathrm{III}} = \varepsilon_D + d_5\left[\frac{\sigma}{\sigma_m(1 - D)}\right]^n t \tag{3-32}$$

综上分析，式（3-29）、式（3-31）和式（3-32）即为卸荷条件下考虑卸荷损伤和蠕变损伤的本构方程。

3.6 本章小结

本章借助超声波技术及声发射技术研究了盐岩在单轴及三轴压缩条件下的损伤特征，得到如下结论：

（1）盐岩是一类蠕变能力很强的软岩，在单轴加载条件下盐岩轴向波速和侧向波速表现出不同的变化规律。轴向波速的变化规律反映了盐岩强度变化过程，而侧向波速变化规律反映了盐岩侧面损伤膨胀过程。

（2）随着加载应变速率的增加，盐岩试件的弹性极限强度值有所提高，其峰值强度及其对应的应变值略有变化，延展性变弱。盐岩应力-应变特征并没有因加载速率的变化而发生明显变化，应变速率的变化主要影响盐岩达到某个预定的应力值（应变值）的时间。加载速率越大，单次声发射信号频率越高，累计声发射数越小。声发射信号频率变化幅度反映了盐岩在不同应变速率下裂纹的生成速度和损伤演化过程，而声发射累计数则较好地反映了峰值前的应力-应变关系。

（3）在相同加载条件下，国内盐岩声发射特征与国外盐岩相似，但国内粗晶粒盐岩的声发射率值要略大些，声发射率在快进入峰值时波动比较明显。

（4）盐岩试件受卤水作用后，其单轴抗压强度和弹性模量均有所降低，但降低的幅度很小；单轴压缩过程中盐岩的应力-应变曲线与声发射-应变曲线变化规律具有较好的一致性，一般受卤水作用的盐岩在单轴压缩过程中其累计声发射数随卤水温度升高而略有增加；卤水作用后盐岩试件的声发射率和累计数均有增加。但相对于无卤水作用盐岩，其累计声发射数和声发射率反而有所减小。

（5）卸荷试验的扩容特征与常规单轴、三轴试验的扩容特征相比，阶段划分上具有一些共同点，但是由于加载方式不同，卸荷试验的稳定扩容段在整体扩容中所占比例更小，扩容速率和扩容幅度也较单轴、三轴试验小；初始围压和初始轴压对盐岩三轴卸围压方式下盐岩的扩容特征均有影响，围压的增加对盐岩变形具有抑制作用，一般在相同轴压下围压越大其引起的扩容速率越小，而在相同围压下，轴压越大其扩容速率越大；扩容加速点临界应力值受围压和轴压大小的共同控制；盐岩的膨胀特性会随着扩容程度的加深，泊松比会有一定程度的变化，也就是其扩容后期，盐岩释放的变形能会降低，导致其损伤加剧。对于卸荷过程，当卸荷完成后，试件变形进入蠕变状态，其蠕变速率受初始偏应力及卸荷完成时的偏应力和围压控制。

（6）基于盐岩卸荷试验结果及针对建腔期盐岩损伤特征，建立了针对建腔期考虑卸荷效应的卸荷本构方程和卸荷蠕变本构方程。

⟨4⟩ 盐岩损伤愈合细观行为特征

⟨4.1⟩ 盐岩损伤愈合细观形貌观察试验

岩石损伤在微观上表现为结合键发生位错与破坏，细观上表现为原始微裂隙扩展贯通与微孔洞的增长（龚囱等，2011）。本章利用 SEM（scanning electron microscope）扫描电镜（图 4-1）对岩盐表面进行扫描观察与分析，旨在证明裂隙损伤愈合的发生与愈合规律。

图 4-1　SEM 扫描电子显微镜

4.1.1　晶体生长相关理论

晶体生长理论主要从晶体结构、晶体缺陷、晶体生长形态、晶体生长条件之间的关系及晶体生长界面动力学几个方面进行研究，到目前经历了晶体平衡形态理论、界面生长理论、周期键链（periodic bond chain，PBC）理论和负离子配位多面体生长基元模型四个阶段。以下是这四个阶段的一些主要理论法则的简要介绍。

（1）晶体平衡形态理论。包括布拉维法则、Gibbs-Wulff 生长定律、BFDH 法则及 Frank 运动学理论等理论。这类理论从晶体内部结构、热力学的基本原理和应用结晶学角度分析晶体的生长特征，注重的是晶体的宏观热力学条件。

布拉维法则：根据不同晶面的相对生长速度反比于网面上结点密度的特征，指出实际晶体的晶面常常平行网面结点密度最大的面网。AB 晶面的网面上结点密度与网面间距是最大的，网面吸引外来质点能力小，生长速度缓慢，晶面横向扩展而一直保留在晶体上；CD 晶面相对较弱；BC 与 AB 晶面刚好相反，晶面最终横向缩小直至消失；所以，晶体上的晶面通常是网面上结点密度相对较大的面。

BFDH 法则：该法则认为，晶体的最终外形是被面网密度最大的晶面所包围的结构，晶面法向生长速率与面网间距成反比，生长速率快的晶面会在最终的形态中消失。

（2）界面生长理论。该类理论主要包括了完整光滑界面模型、非完整光滑界面模型、粗糙界面模型、弥散界面模型、粗糙化相变理论等。着重于讨论界面形态对晶体生长过程所产生的作用，未考虑晶体的微观结构与环境对晶体生长的影响。

完整光滑突变界面模型：该模型认为晶体是理想完整的，且从原子或分子的层次上界面是光滑的，固相与流体相之间关系是突发的。

非完整光滑界面模型：该模型认为晶体由于位错的关系是不完整的。在晶体生长过程中，晶体呈现螺旋生长状态。图 4-2 为碳化硅晶体的螺旋位错生长实例。螺旋生长理论指出：晶体生长界面的螺旋位错露头点的凹角或者其延展形成的二面凹角区域都可以成为晶体生长的基础。螺旋生长理论能解释晶体在低温过饱情况下能够生长的原因，这是层生长理论所不能解释的。晶体将围绕这些永不消失的台阶源（螺旋位错露头点）旋转而持续地生长。随着晶体的不断长大，螺旋生长最终在晶面上形成各种能提供生长基础的螺旋纹。

30μm

图 4-2　碳化硅晶体的螺旋位错生长

粗糙界面模型：该模型指出晶体生长的界面为所包含的晶相与流体相的全部原子都位于晶格上的单原子层，该分布遵循了统计学规律。层生长理论认为在晶核光滑表面上发生一层原子面的生长时，具有三面凹入角的位置成为质点进入晶格座位的最佳位置。质点在此的晶核结合成键所放出的能量最大。理想情况下，晶体生长先在一个晶面上长出一条行列，然后生长相邻的行列。在一层原子面网形成后，再开始形成第二层面网。

（3）周期键链（PBC）理论。该理论将晶体的晶面划分F面、K面和S面三种界面。该理论指出：1）键能越大的截面形成键的时间就越短，因此晶面的法向生长速率与晶面结合能成正比；2）与晶体中质点的周期性重复排列特征相似，晶体结构中同样存在着一系列由强键连成的链。这些强键链也呈现周期性重复，即周期性键链（PBC）。晶体生长方向平行于键链，键力越强的方向晶体的生长速率越快，为此将晶体生长过程中的晶面划分为三种类型：F，S和K。

F面，即平坦面，该面与两个以上的PBC平行，其网面密度最大。质点与F面结合时只形成一个强键，晶面生长速率较慢，但更易形成为主要晶面。

S面，又被称为阶梯面，该面只与一个PBC平行，网面密度处于中等水平。质点与F面结合时只形成两个强键，晶面生长速率中等。

K面，即称扭折面，不与任何PBC平行，网面密度最小。质点特别容易从扭折处进入晶格，晶面生长速率高，晶面容易消失。

因此，晶体上F面最为常见且发育，而K面不常见。

（4）负离子配位多面体模型。从晶体的生长形态、晶体生长条件、晶体内部结构与缺陷出发加以研究，全面考虑了影响晶体生长的环境因素，该模型可以很好地解释极性晶体的生长习性。

4.1.2　细观观察的试验准备

4.1.2.1　扫描电镜工作原理

扫描电镜是介于透射电镜和光学显微镜之间的一种细观形貌观察手段，可直接利用样品表面材料的物质性能进行细观成像。主要是利用二次电子信号成像来观察样品的表面形态，即用极狭窄的电子束去扫描样品，通过电子束与样品的相互作用产生各种效应，其中主要是样品的二次电子发射。二次电子能够产生样品表面放大的形貌像，这个像是在样品被扫描时按时序建立起来的，即使用逐点成像的方法获得放大像。

4.1.2.2　试验试样的制备

（1）为对损伤愈合细观特征进行分析，试验选定含杂质的国内盐岩（云应）作为分析对象，从其盐与杂质交界区域随机取一组（12个试样）尺寸为3mm×

10mm×10mm 完整性良好的试验样品；并将样品打磨抛光，将可视的裂隙结构尽量去除。

（2）将准备好的试样放置在马弗炉中进行 600℃ 的高温加热，旨在制备由高温而产生的裂隙结构，便于后续试验（由于高温作用，5 个试样由于温度过高而碎裂成小颗粒状，其余保持着原有整体性，但裂隙结构发育）。

（3）将保持完整性的含裂隙试样放置在室内（平均室温 30℃）饱和卤水中浸泡 72h（长时间的浸泡是为了使饱和卤水尽可能地渗透进入试样裂隙中）。

（4）将浸泡后的试样取出，于真空干燥箱中烘干 24h，烘干温度为 80℃。

（5）为便于试样在扫描电镜下的表面形貌观察，对烘干试样表面进行喷金处理以增加其表面的导电性，提高观察的清晰度与精确性。喷金完成后将试样置于干燥环境密封保存。

试样制备完成后，即可对其表面形貌进行扫描电镜观察。通过对比分析，得到损伤愈合形貌特征与规律。

〈4.2〉 盐岩损伤愈合细观形貌特征

4.2.1 盐岩表面细观形貌特征

本章中试验观察选取试样均为国内盐岩试样。国内盐岩由于各类杂质的掺杂，损伤裂隙在愈合过程中将受到影响。为此需要对盐岩与杂质之间的联系进行研究。利用扫描电镜，笔者对含有杂质的盐岩试样表面进行了细观尺度下的观察。

图 4-3 为含有裂隙的国内原盐试样在扫描电镜下的表面裂隙形貌。从图中可以观察到，靠近裂隙的区域（图中圆圈标示区域）或者不平整的盐岩表面区域

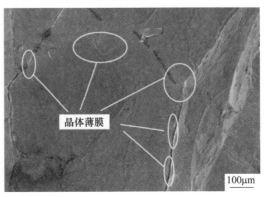

图 4-3　扫描电镜下盐岩表面裂隙形貌

显出光亮色彩。这是盐岩长期与空气接触过后，吸收空气中水分子而使盐岩表面发生溶蚀、晶体迁移与重结晶的结果。由于水对盐岩的溶蚀作用更容易发生在粗糙表面，裂隙结构边缘棱角为溶蚀作用提供了更大面积而加快了该区域的溶蚀，溶蚀后的盐岩经过水的运移在附近发生区域性结晶，最终就形成了局部表面被盐岩的结晶层覆盖的现象。

　　如图 4-4 与图 4-5 所示，经能谱扫描，笔者将含杂质的盐岩表面分为杂质区与盐岩区。盐岩区表面光滑平整；而杂质区表面凹凸不平，结构无规则的分布，且孔隙发育；图 4-4 中的杂质与盐岩边界容易辨识（线条所示）。而在图 4-5 中，二者的交界却难以准确辨别。根据对图 4-3 的分析，结合晶体在自然环境中的生长具有各向异性的特点，推测该现象由以下几种情况造成：

　　（1）杂质与盐岩过渡区本身为一个很宽的杂质与盐岩交融带。二者的交错结构充填着该区域，如图 4-6（a）所示。

　　（2）即使杂质与盐岩边界明确，但由于二者的边界形貌呈现严重的不规则特征，而导致实际边界与盐岩、杂质的难以区分，如图 4-6（b）所示。

　　（3）杂质与盐岩相互位置关系在所观测时呈现上下错动而引起观察错觉，如图 4-6（c）所示。

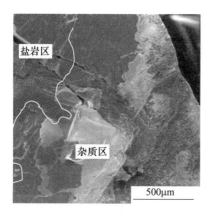

图 4-4　扫面电镜下盐岩表面与
杂质交界处形貌

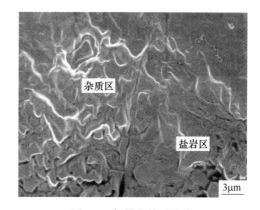

图 4-5　扫描电镜下盐岩
表面杂质形貌

4.2.2　盐岩裂隙的损伤愈合辨别

　　根据前文对盐岩损伤愈合的定义可知，盐岩的愈合演化过程在细观尺度上表现为微裂隙的闭合、裂隙尖端的闭合与修复、裂隙面的重新连接、张开裂隙内部生长基上晶体生长与裂隙填充等。而愈合机理分为压力闭合、扩散愈合与结晶作用三个进程。

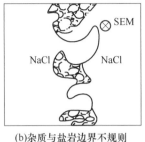

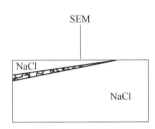

(a)杂质与盐岩交融　　　　　(b)杂质与盐岩边界不规则　　　　　(c)杂质与盐岩位置重叠

图 4-6　扫描电镜下盐岩表面杂质形貌

　　试验所用盐岩试样的裂隙是对含杂质原盐在高温下所产生的。该过程中由于热活化过程的作用，盐岩形变发生时晶粒发生晶界弛豫，整个过程的裂隙与形变以滑移变形为主。在此过程中由于部分刚性颗粒的存在，盐岩裂隙会因为塑性孔洞不断扩展而在晶界上形成裂隙（龚囟等，2011）。所以高温下盐岩的裂隙拓展在微观尺度上就已经发生，结合晶体结构特点，可以推断：细观尺度上盐岩裂隙的拓展端部应该呈现尖锐、笔直延伸状态。

　　如图 4-7 所示为愈合处理后裂隙端部的结构形态。图中裂隙尖端不再呈现尖锐与笔直的延伸状态，而是表现为几近与裂隙面垂直的圆滑型结构。该现象表明该结构并非原有裂隙结构，而是由于愈合处理而产生。结合晶体生长理论与试验处理过程中的环境分析可以推测：这是由于水的运移与盐岩的结晶生长作用而在裂隙面上形成的结构，由于晶体在自由生长过程中的速率与生长方向的各向异

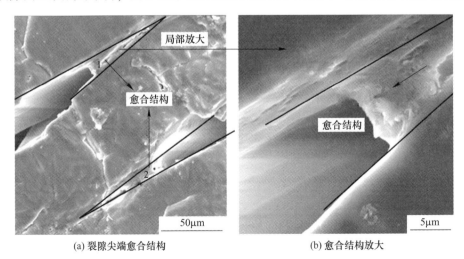

(a) 裂隙尖端愈合结构　　　　　　　　　　　(b) 愈合结构放大

图 4-7　裂隙尖端愈合事例

性，愈合结构展现出凹凸不平状态；同时由于水环境对盐岩的溶蚀作用，该结构显得圆滑，这些特点与 Schenk 等人（2004）利用 SEM 观测盐晶体自由生长过程的试验现象相吻合（图 4-7 中因高温而产生的裂隙结构原有形态轮廓笔者用笔直的线勾画出来，两线之间的结构被认为是愈合结构）。

根据上述愈合结构的特征，为便于试验观察，笔者将以下几个特征作为辨识愈合结构的依据：（1）裂隙中有裂隙连接结构（为便于分析阐述，将这些结构定义为裂隙面连接体）；（2）裂隙连接体与裂隙面之间无明显的尖锐空间与阴影边界（为区分愈合结构与空间叠加现象）；（3）裂隙连接体的成分为纯 NaCl；（4）裂隙连接体与裂隙面之间的形状呈现内凹状。

4.2.3 盐岩损伤裂隙愈合特征

为对裂隙的愈合特征进行规律性总结，笔者通过大量细观观察试验分析总结出以下方面的规律特征。

4.2.3.1 杂质与盐岩边界的愈合特征

图 4-8 为长期存放于空气中的含杂质盐岩表面形貌，光滑平整区域为 NaCl 晶体（图中已标识）。

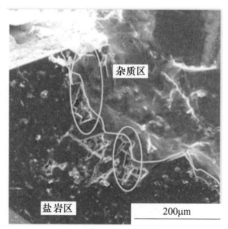

(a) 杂质与盐岩边界 Ⅰ   (b) 杂质与盐岩边界 Ⅱ

图 4-8 杂质与盐岩边界形貌

图 4-8 为杂质与盐岩边界的形貌。尽管盐岩与杂质紧密连在一起，但其边界处仍存在部分孔隙结构，因此原盐中的杂质与晶体界面并不具有完整性；当这些孔隙结构长期在空气环境中存放后，由于水蒸气在盐表面的吸附等作用，孔隙结构内部与附近出现了结晶颗粒堆积。根据杨春和等（2013）对盐岩中裂隙的研究可知：盐岩中裂隙拓展呈现在盐岩与杂质结构中无规律性的穿插。根据交界区域

组成成分的复杂性分析，这可能是由于二者边界区域所含结构的复杂性而产生强度各向异性造成的；同时该结构的复杂性等也产生盐与杂质边界难以明确辨认的现象。

4.2.3.2　盐岩裂隙的愈合结构产生原因

图4-9（a）、（b）和（c）为经过上述试验过程后统一部位的多次放大形貌（放大倍数分别为：1000×、4000×、10000×）。

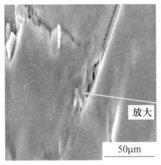 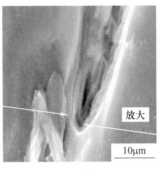 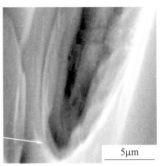

(a) 1000×放大　　　　　(b) 4000×放大　　　　　(c) 10000×放大

图 4-9　盐岩裂隙尖端愈合形貌

图中形貌表明：试验处理后的裂隙内部结构与裂隙壁失去了原有裂隙的笔直延展特征，与图4-7类似，呈现圆滑的晶体生长结构。因此该裂隙端部发生了晶体生长现象，裂隙发生了愈合过程。

在以上观察分析基础上，经过观察更多的盐岩裂隙结构的愈合特征，笔者根据以下现象将愈合的产生来源归为两类：

（1）卤水中析出晶体的堆积作用。图4-10（a）和（b）中，裂隙面附着大

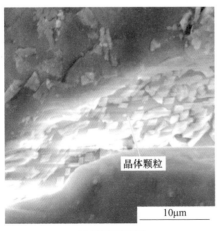 

(a) 裂隙面晶粒Ⅰ　　　　　　　(b) 裂隙面晶粒Ⅱ

图 4-10　试验处理后盐岩裂隙内部形貌

量的规则晶体颗粒,对图4-10(a)中的颗粒进行能谱分析,所选取谱图位置如图4-11所示。谱图1与谱图2表明,这些颗粒主要成分均为NaCl。结合晶体结晶形态特征,这些颗粒应该是从卤水中析出形成的。该现象表明,卤水中的晶体析出可以为裂隙面的生长愈合提供物质基础。

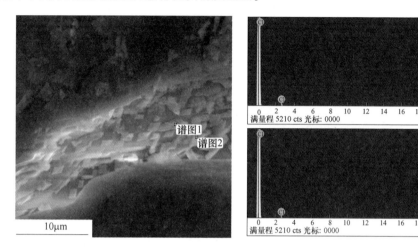

图4-11 盐岩裂隙内部颗粒能谱扫描示意图

(2)裂隙面上生长基的生长。除了上述情况,裂隙面生长基上的晶体生长对促进裂隙面愈合有着不可忽视的作用。结合晶体层生长理论,在裂隙空间内,裂隙尖端与一些关键部位容易产生质点沉积而造成该处自由能的不平衡而实现晶体的不断生长。

如图4-12所示,裂隙下部表面上存在着许多的规则形状的突出物。经能谱扫描分析,该突出物为纯净NaCl,该结构不同于图4-10处所示的结晶块,而是明显的与裂隙表面连接成成体结构。结合晶体结晶生长理论,该结构为裂隙面表面的生长基生长所形成的结体结构。

图4-13(a)(为1000×SEM观察图像)中裂隙内部的结晶结构呈现典型的NaCl结晶方块状,该结晶块与图4-12同样表现为与裂隙面之间无明显分离状态,因此同样为晶体生长所形成。根据该方块的堆积形态与前文中的晶体螺旋生长实例对比可以认为该处的生长也为螺旋生长。对图中的所选部分局部放大(如图4-13(b)所示)可以观察到两个裂隙面上晶体的结晶生长延展造成原裂隙面呈现凹凸不平的发育状。根据晶体生长的周期键链(PBC)理论(介万奇,2010),在裂隙尖端等位置的晶体面更多为曲折面(K面),该面不平行于任何PBC而导致质点极易从该处进入晶格发生快速的生长。在宏观的物理能量角度可以解释为晶体生长所需要的生长基与生长驱动能在这些部位富集而造成的,因为在这些部

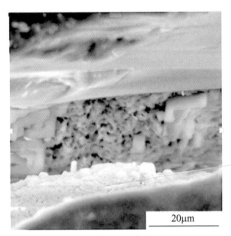

(a) 裂隙面愈合前　　　　　　　　　　　(b) 裂隙面愈合后

图 4-12　同一裂隙面愈合对比图

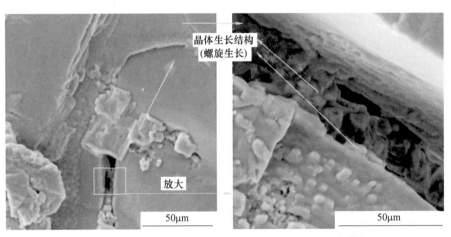

(a) 裂隙结晶生长结构　　　　　　　　　(b) 局部放大

图 4-13　裂隙结晶与填充图

位盐岩的表面积相对较高,生长基的空间密度相对增加。所以裂隙尖端上大量出现晶体结构的生长发育现象,如图 4-13 (a) 中晶体生长结构所示。

4.2.3.3　盐岩裂隙易愈合部位分布特征

为了进一步探讨与总结由于晶体在裂隙中生长而产生愈合的情况,笔者经过大量观测,得到如图 4-14 所示的一些裂隙愈合结构形貌图。

对图 4-14 (a)、(b) 中的裂隙连接体进行成分分析:连接体 (图 4-15 (a)、(b) 中的谱图) 为纯净的 NaCl,但连接这些生长结构的裂隙面 (图 4-13 (a)

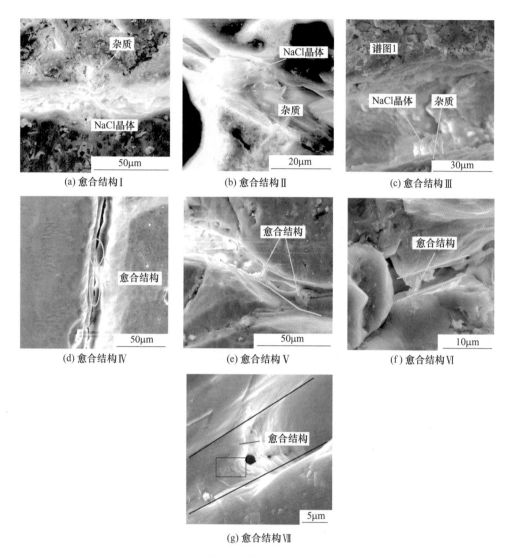

(a) 愈合结构Ⅰ   (b) 愈合结构Ⅱ   (c) 愈合结构Ⅲ

(d) 愈合结构Ⅳ   (e) 愈合结构Ⅴ   (f) 愈合结构Ⅵ

(g) 愈合结构Ⅶ

图 4-14　晶体生长导致的裂隙愈合实物图

与（b）中的其他谱图）却含有各类杂质，同样的现象发生在图 4-14（c）中（对应谱图为图 4-15（c））。该现象表明盐岩裂隙愈合发生常常处于杂质所在区域，而杂质附近的一些纯 NaCl 表面的晶体生长情况根据形貌难以明显辨识。因此推测裂隙中晶体生长发育更容易发生在富含杂质的区域，这是由于杂质的不规则性增加了卤水与固体之间的接触面积，导致晶体生长所需的生长基与生长驱动能的富集的结果。

图 4-14（d）为某裂隙在 1000×扫描电镜下的形貌，图中的裂隙中部与下部

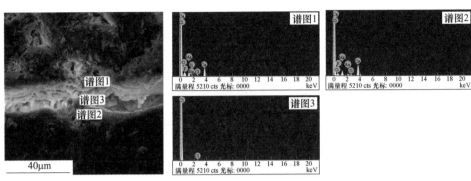

(a) 裂隙愈合结构Ⅰ能谱扫描

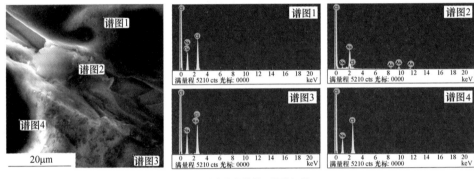

(b) 裂隙愈合结构Ⅱ能谱扫描

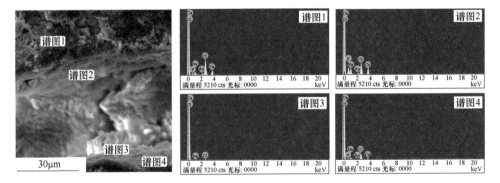

(c) 裂隙愈合结构Ⅲ能谱扫描

图 4-15　损伤愈合结构与周边区域的元素分析

区域，结合裂隙发展趋势并对比上部黑色的区域可以明显分辨出愈合结构的产生。该结构所在区域的裂隙宽度相对于上部区域较窄。

图 4-14（e）、（f）、（g）中所显示的是愈合裂隙的形貌，从图中发现愈合结构（细线条为根据裂隙面走向趋势而大致选取的原有裂隙面位置，超出部分晶体在文中被认为是晶体生长发育所产生）的存在；三张形貌图显示该处的裂隙愈合

是由裂隙两面的晶体生长最终连接在一起的（图 4-14（g）中方形区域显示两侧晶体生长连接部位还未完全融合）；同时，该组裂隙愈合现象证实裂隙的愈合结构是没有棱角的圆滑结构面，特别是与裂隙面之间的联系呈现内凹状，该现象可以作为裂隙中晶体生长愈合辨别的又一特征。这是由于晶体生长过程中表面卤水对 NaCl 的运输扩散作用的同时还伴随着水对固体 NaCl 晶体的溶蚀作用，具有棱角的晶体结构由于溶蚀面的增加而更容易被溶蚀，而内凹状的连接面可以有效地避免尖锐区域的出现。对比愈合结构产生部位与周边部位的裂隙宽度，结果表明愈合结构部位的裂隙宽度相对较窄。这再次证实裂隙愈合易产生于裂隙宽度较小的部位的结论。

综上所述，笔者将盐岩裂隙愈合最容易发生的区域划分为三个部位：裂隙宽度较小部位、裂隙面含杂质的区域、裂隙尖端，如图 4-16 所示。

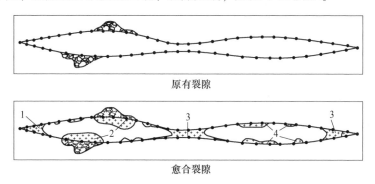

原有裂隙

愈合裂隙

图 4-16 愈合前后裂隙示意图

（1）裂隙宽度较小部位。不难理解，在相同环境下由于晶体的生长速率的差异不大，裂隙宽度较小部位可以经过短期的生长发育而将两个裂隙面连接在一起，加快生长愈合进程。钟志平（1998）指出，20MnMo 钢结构内部裂隙修复宽度在小于 $1.3\mu m$ 时才可通过高温愈合处理，而更宽的裂隙则需要加以压力才能达到预期愈合效果，这证明了裂隙宽度对于材料愈合效果的影响。与图 4-16 中的编号 4 所示的裂隙表面晶体结构生长由于宽度过大而不能快速连接两个裂隙面相区分，图 4-16 中编号 3 由于裂隙宽度小而快速地将两裂隙面连接而产生愈合。

（2）裂隙面含杂质的区域。由于盐岩中所含杂质的固体结构的致密性远不及盐岩晶体，因此，该部位的盐岩生长发育会在杂质结构中穿插分布，根据前文现象分析，该类型的区域能增加盐岩晶体生长基的物质与能量富集。所以该区域的生长发育相对纯盐岩区域快速。如图 4-16 中编号 2 所示。

（3）裂隙尖端。如图 4-16 编号 1 所示，由于裂隙尖端往往是裂隙宽度最窄的部位；同时由于晶体表面的迁徙扩散在两个裂隙面上的最终扩散方向都是裂隙尖端，这就为裂隙尖端的晶体生长提供了源源不断的物质基础和能量来源；此外，裂隙尖端同等空间内的表面积相对于裂隙其他位置大，这相对地增加了晶体生长基的密度。基于上述三种原因，裂隙尖端便更易产生晶体的生长愈合。

4.3 本 章 小 结

本章借用扫描电镜，分别对盐岩愈合细观表面特征、盐岩愈合结构分辨、盐岩裂隙愈合特征三个角度对盐岩愈合进行了特征分析与规律总结，总结出以下几点结论：

（1）盐岩与杂质的边界有时难以完全区分是由于该区域盐与杂质相互交融耦合、边界区域形貌与盐与杂质层位关系复杂性共同造成的。

（2）细观观察中可通过以下四个特点辨别盐岩裂隙愈合结构：1）裂隙中有裂隙面连接体存在；2）裂隙面连接体与裂隙面之间无明显的尖锐空间与阴影边界；3）裂隙面连接体的成分为纯 NaCl；4）裂隙面连接体与裂隙面之间的形状呈现内凹状。

（3）盐岩裂隙愈合结构的产生原因概括为两个方面：1）溶液析出晶体的堆积作用；2）裂隙面上生长基的生长。

（4）由于富含晶体生长所需的生长基和生长驱动能等原因，裂隙宽度较小的部位、裂隙面含有杂质的部位、盐岩裂纹的尖端相对其他部位更容易发生结晶生长而造成裂隙愈合现象。

5 盐岩单轴加载损伤自愈合特性

5.1 试验准备及方案设计

5.1.1 试样制备

试验所用的盐岩试样来自两个地方：（1）取自巴基斯坦某盐矿高纯度细晶粒盐岩，其 NaCl 含量约 96%；（2）取自中国云应盐矿较高纯度粗晶粒盐岩。选取两种盐的主要依据是，盐岩中矿物杂质对盐岩损伤及损伤恢复有明显影响，为了较好地分析盐岩自身损伤恢复特性减少杂质因素的干扰，选取的试件纯度在 90% 以上，另外考虑到研究成果的实际应用性，需要选取部分国内盐岩进行损伤自恢复试验研究，这将更有利于对比分析杂质因素和晶粒尺寸因素对损伤恢复的影响。考虑到盐岩试件获取难度大和试验测试和操作可行性，盐岩试样尺寸分为两种：一种制作为 50mm×50mm×50mm 的立方体，用于超声波测量盐岩损伤恢复情况；另一种制作为高 100mm，直径 50mm 的圆柱体用于单轴压缩损伤恢复试验研究。所有试件加工按照岩石力学试验规范进行，并对其表面磨光处理。加工好的盐岩试件如图 5-1 所示。

5.1.2 试验设备

美国 OLSON 公司生产的 UPV-1 超声波检测仪，54kHz 纵波换能器，测试精度为 0.01ms，实验室自行研制的微机控制电液伺服三轴盐岩试验机，恒温箱等。需要用到的主要仪器设备如图 5-2 所示。

图 5-1　盐岩试件

图 5-2　试验装置图

5.1.3 试验方案设计

盐岩由于本身的自我修复再结晶会使一些裂隙出现愈合，改善腔体受损盐岩造成的不稳定性。不同损伤的盐岩在不同条件的自修复情况不尽相同。研究不同损伤的盐岩在不同条件下的自我修复功能，进而控制溶腔的稳定性，这对建腔和储油气防灾理论有着重要理论意义和使用价值。盐岩溶腔建造过程中，腔体围岩处在卤水、温度和围压共同作用的环境中，为了分析建腔期温度、卤水对盐岩损伤破坏及损伤自恢复的影响，拟开展如下相关试验研究：

5.1.3.1 试验方案1：围压、温度、卤水、时间对盐岩损伤自恢复影响试验

测量盐岩试样轴向和侧向的纵波波速。对试样进行常规单轴压缩试验，加载至塑性变形阶段的不同区段，并测量其受压后的纵波波速。每隔一段时间测量试样的轴向和侧向波速，直至盐岩的损伤值趋于稳定（表5-1）。

表5-1 围压、温度、卤水、时间对盐岩损伤自恢复影响试验设计方案表

品种	试件组号	试验前准备条件	初始损伤设定（加载值根据试件有差异）	试验恢复条件
国内盐岩	1	室温静置	单轴加载至单轴强度50%	静置恢复
国外盐岩	2	室温静置	单轴加载至单轴强度50%	三轴等围压恢复
	3	110℃烘干48h		三轴等围压恢复
	4	50℃卤水浸泡48h		三轴等围压恢复
	5	室温静置		50℃烤箱静置恢复
	6	室温静置		110℃烤箱静置恢复
	7	室温静置		不处理
	8	室温静置	设定四种初始损伤值：约0.2，约0.3，约0.4，约0.5	室温静置
	9	室温静置		50℃恒温恒湿静置
	10	室温静置		70℃恒温恒湿静置

5.1.3.2 试验方案2：三轴围压环境对损伤盐岩参数自恢复影响试验

为了分析三向应力对盐岩力学特性恢复影响情况，设计三轴压缩状态损伤恢复试验方案，试验方案分3种：第1种为常规单轴循环加卸载试验；第2种为同时加轴压和围压，并保持压力不变使试件保持在三向等压状态恢复（简称等压恢复）；第3种为卸掉轴压加围压，轴向压杆只起约束作用或无主动压力作用，保持围压不变使试件处在横向保压，轴向约束的条件下恢复（简称围压恢复）。3种保压恢复简要描述见表5-2。

表 5-2 损伤盐岩参数自恢复试验条件设计方案步骤表

方案	保压形式	试 验 步 骤						
		1	2	3	4	5	6	7
1	常规单轴	单轴加载到设定值	卸载到0	第2次加载到设定值	卸载到0	第2次加载到设定值	—	
2	等压恢复	单轴加载到设定值	卸载到设定值	加围压至设定值	三向等压恢复	第2次加载到设定值	重复2、3、4过程	第3次加载至试件破坏
3	围压恢复	单轴加载到设定值	卸载到0，保持压杆不动	加围压至设定值	保持围压作用，轴向仅约束	第2次加载到设定值	重复2、3、4过程	第3次加载至试件破坏

损伤恢复试验步骤如下：

（1）制备试件放置在试验设计的条件下，进行试件试验前的预处理流程，将试件放置在三轴试验机上，装好后，对试件进行加载前的准备工作。

（2）第1次加载，制造初始扩容损伤。需先进行单轴加载试验，获得盐岩单轴应力-应变特征，第1次单轴加载至试件屈服强度之后（约为峰值强度的30%），停止加载（注意保存数据）。

（3）第1次保压自恢复。停止加载后，保持轴压不变（围压恢复形式是将轴压卸荷到0），开始增加围压，当围压增加到15MPa时，保持围压和轴压不变，使试件处在三向等压条件下稳压自恢复20h左右。

（4）第2次加载，制造初始塑性破坏损伤。稳压20h之后开始卸载，先卸围压，再卸轴压，当载荷卸为0时，让试件静置1h（恢复压缩作用产生的变形），1h后开始第2次单轴加载试验，当单轴应力达到单轴抗压强度的70%左右时，停止加载。

（5）第2次保压自恢复。停止加载后，将轴压减小到15MPa（围压恢复形式是将轴压卸荷到0），然后开始增加围压，当围压达到15MPa时，保持围压和轴压不变，让试件处在三向等压条件下稳压自恢复20h左右。

（6）第3次加载，自恢复效果测定。20h稳压之后开始卸载，先卸围压，再卸轴压，当载荷卸为0时，让试件静置1h（恢复压缩作用产生的变形），1h后开始第3次单轴加载试验，单轴试验持续进行，直至试件应力超过峰值强度，停止试验。

⬡5.2 盐岩侧向损伤自恢复分析

通过对盐岩试件加载损伤前和损伤静置恢复后的超声波波速测量，表5-3列出了单轴压缩损伤盐岩在不同条件下的静置损伤恢复情况，其损伤值计算是基于试件侧向波速测量值（指波速测量方向垂直于加载方向）。图 5-3 列出了不同损伤盐岩试件在不同静置条件随时间的损伤值恢复曲线关系图。

表 5-3 侧向损伤恢复试验结果

编　号	恢复条件	初始应力损伤值	稳定期损伤值	200h恢复值	总损伤恢复值	恢复百分比/%
GW2-1	室温静置	0.22	0.09	0.09	0.13	59.09
GW2-2		0.28	0.12	0.16	0.16	57.14
GW2-3		0.35	0.17	0.18	0.18	51.43
GW2-4		0.52	0.36	0.38	0.16	30.77
GW5-1	50℃恒温恒湿	0.2	0.03	0.05	0.17	84.00
GW5-2		0.29	0.08	0.12	0.21	72.41
GW5-3		0.43	0.12	0.15	0.31	72.09
GW5-4		0.55	0.25	0.36	0.3	54.55
GW7-1	70℃恒温恒湿	0.18	0.03	0.04	0.15	83.33
GW7-2		0.3	0.06	0.09	0.24	80.00
GW7-3		0.38	0.08	0.1	0.3	78.95
GW7-4		0.55	0.16	0.29	0.39	70.91
GW-O1	110℃烘箱	0.39	0.37	0.41	0.02	4.13
GW-O2		0.4	0.39	0.4	0.01	2.50
GW-F1	50℃烘箱	0.33	0.2	0.23	0.13	39.39
GW-F2		0.43	0.35	0.35	0.08	18.60
GW-C1	室温静置	0.58	0.45	0.50	0.13	22.41
GW-C2		0.61	0.49	0.55	0.12	19.67
GN-C1	室温静置	0.67	0.43	0.51	0.24	34.82
GN-C2		0.69	0.42	0.53	0.27	39.13

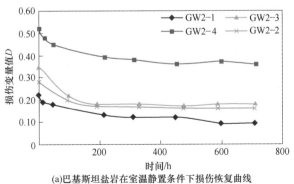

(a)巴基斯坦盐岩在室温静置条件下损伤恢复曲线

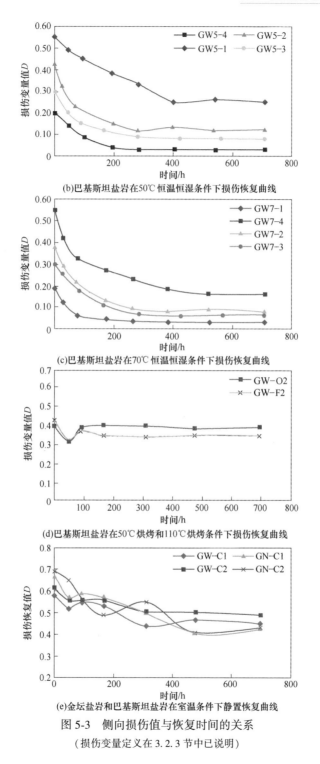

(b)巴基斯坦盐岩在50℃恒温恒湿条件下损伤恢复曲线

(c)巴基斯坦盐岩在70℃恒温恒湿条件下损伤恢复曲线

(d)巴基斯坦盐岩在50℃烘烤和110℃烘烤条件下损伤恢复曲线

(e)金坛盐岩和巴基斯坦盐岩在室温条件下静置恢复曲线

图5-3 侧向损伤值与恢复时间的关系

（损伤变量定义在3.2.3节中已说明）

5.2.1　侧向损伤随恢复时间的变化规律

图 5-3（a）~（c）中给出了侧向初始应力损伤值为 0.2、0.3、0.4、0.5 左右的盐岩试样分别在 20℃、50℃、70℃温度下的损伤值与恢复时间的关系曲线。表 5-3 中给出了不同初始应力损伤值的盐岩稳定期损伤值、200h 的损伤恢复值以及整个试验阶段的总损伤恢复值。

由图中可知，在恢复阶段的前期 200h 内，盐岩的损伤恢复较快，之后趋于缓慢并逐渐稳定。一般在恢复近 600h 后恢复达到稳定，进入损伤恢复稳定期。这说明损伤盐岩内部的部分微裂纹得到愈合，而部分大裂纹无法因再结晶作用得到恢复。损伤盐岩内部的裂纹愈合是由于晶体本身的再结晶作用导致的。根据现有理论（罗谷风，1985），固体的再结晶需要在外界热能的激发下，通过晶粒表面上的质点在固态下的扩散作用，使它们转移到相邻同种晶粒的晶格位置上去，导致晶粒界面相应发生移动，从而使部分晶粒成长变粗，并伴随着应变能的释放。因此损伤盐岩晶体完全可以通过再结晶作用在损伤处形成新的晶体结构，从而完成晶间格子的重新排列，达到稳定结构。

5.2.2　初始应力损伤对盐岩损伤自恢复的影响

从图 5-4 中可以看出，侧向初始应力损伤值越大，损伤恢复稳定期的损伤值也越大。这说明侧向初始应力损伤值越大，试样内部的裂纹越难以愈合。这是因为在塑性变形阶段初期，试样内部微裂纹先发育，随着应力的增加，微裂纹继续发展并扩大为较大的裂纹面。而物质的移动需要媒介，无法穿过空隙进行迁移。在试样损伤自恢复过程中，细晶粒界面附近的质点发生扩散移动而引起再结晶作用，使微裂纹面愈合，晶粒变大。存在空隙的大裂纹因得不到物质的供应而无法通过再结晶作用得到愈合。

对比图 5-4 和图 5-5 可知，侧向初始应力损伤值越大，总损伤恢复值也越大，裂纹面愈合的越多，但从总的恢复度来看，初始损伤越大恢复度越小，即损伤越大恢复越困难。这是因为当试样在承受较大应力时会发生变形，晶体产生位错，并在其内部积累应变能，从而改变矿物活性（钱海涛等，2010），当应力作用到晶体时，其位错密度将随应力的增加而增加（刘亮明等，1996）。晶体的损伤越大，位错密度越高，晶体的应变能就越大，裂纹愈合的就越多。但随着侧向初始应力损伤值过大，会产生大量张开型裂隙，过大的破坏孔隙不利于晶体的再结晶和损伤的自恢复，因为盐晶粒要重新黏结到一起，首先要让它们接触或间接接触。

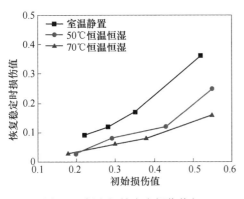

图 5-4　侧向初始应力损伤值与
稳定期损伤值的关系

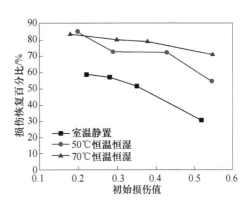

图 5-5　侧向初始应力损伤值与
总损伤恢复值的关系

5.2.3　温度、水分对盐岩损伤自恢复的影响

根据已有的研究，温度和卤水对盐岩损伤演化特征均有影响，且温度、水分单独作用和两种因素共同作用产生的效果差异性较大。从图 5-3 中同样可看出仅有温度作用和同时有温度、水分共同作用时对盐岩恢复产生的影响差异性很大。现针对两种情况进行区别分析，以便更好地了解温度、水分对损伤盐岩自恢复的影响。

5.2.3.1　仅考虑温度对盐岩损伤自恢复分析

从图 5-3（d）可知近似相同的初始损伤盐岩试件在烘干箱中静置的恢复情况，在烘干过程中，温度越高越不利于试件损伤恢复。图 5-3（d）中试件 GW-O2 在 110℃烘烤条件下的损伤值在静置 70h 后有少量恢复，之后的静置恢复过程中，试件损伤值出现增加，当损伤增加到初始损伤水平后试件损伤基本维持一个恒定值。试件 GW-F2 在 50℃烘烤条件下静置恢复的趋势与试件 GW-O2 相似，只是 50℃时，后期的最终损伤值要低于 110℃条件。说明在 50℃烘烤条件下损伤试件仍有一定量的恢复，但恢复量很小。产生上述现象的原因是，上述两个试件在两种烘烤温度条件恢复时，初始阶段有微弱恢复，这主要是因为试件压缩破坏后，试件有一个变形恢复阶段（部分弹塑性变形在卸载后能够缓慢地恢复），另外在恢复初期，温度并不能马上对盐岩试件产生作用，试件内部初始水分能让试件得到少量恢复。但随着长时间的烘烤，试件变形恢复已稳定，试件中原始水分被蒸发，使得试件恢复受到限制，水分蒸发使得试件部分因水分作用黏合的裂隙重新张开，从而表现为损伤加剧。当水分基本被蒸发完以后，且试件初始压缩变形恢复也已经稳定时，试件的损伤将维持一个较为恒定的值，因为在这种温度（相对较低的温度 50℃和 110℃）作用下，盐岩试件得不到恢复所需的水分，而所处的温度不至于使岩体失去结晶水，从而让岩体保持一个较为稳定的损伤状态。

5.2.3.2 温度、水分共同对盐岩损伤自恢复分析

损伤盐岩的再结晶作用，除了需要自身贮藏的应变能的释放，外界环境也需要为其提供热能和物质环境。从图 5-4 中可知，相同侧向初始应力损伤值的盐岩试样，在恒温恒湿的环境下其稳定损伤值随温度的增加而减小，说明晶体内部的裂纹愈合得越多。从图 5-5 中可知，随着温度的升高，拥有相同初始损伤值的盐岩试件的总损伤恢复量也逐渐升高。另外，温度越高，盐岩在达到损伤恢复稳定期的损伤值越小，说明温度增加能提升盐岩的损伤自恢复能力。从前面的研究分析可知，200h 是盐岩损伤恢复由快转向平稳的一个过渡值，图 5-6 为 200h 盐岩损伤恢复值与初始损伤值及温度的关系曲线。图中，温度由 20℃ 到 50℃ 盐岩损伤恢复值提升明显，说明盐岩试件内微裂纹愈合和再结晶在这一温度变化梯度内得到了提升；而 50℃ 和 70℃ 下的试样 200h 的损伤恢复值基本相同，损伤量仅有微弱的增加，即温度从 50℃ 提升到 70℃ 对盐岩损伤影响不明显。图 5-7 为相同损伤值的同种盐岩在 50℃ 不同水分环境下的损伤恢复对比图，从图中可知，其他条件相同的情况下，水分对盐岩的损伤恢复具有重要的作用，温度对盐岩的损伤恢复作用需要有水分存在作为前提条件，当水分充裕，温度的增加将会进一步促进损伤盐岩的恢复，温度的升高会加速晶体内部粒子的扩散运动，可加速水与盐岩晶粒间的溶析结晶作用，为晶粒生长提供能量，表现为促进晶体的再结晶作用。

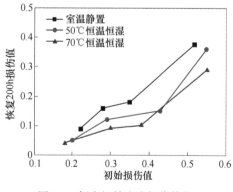

图 5-6 侧向初始应力损伤值与
200h 的损伤恢复值的关系

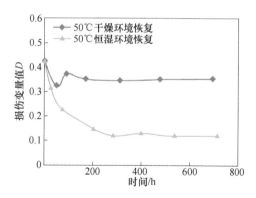

图 5-7 相同温度、初始损伤同种盐岩在恒湿
和干燥环境下的损伤恢复值的关系

总的来说，水分为盐岩损伤恢复提供物质环境基础，而温度为损伤盐岩体在该条件下的损伤恢复提供能量，温度对盐岩的愈合必须以水分存在为前提。需要说明的是，此结论中的温度仅针对本节试验中设计的温度。

5.2.4 盐岩种类对盐岩损伤自恢复的影响

盐岩因成岩环境（成岩年代、地应力、矿物成分等）的差异，使得盐岩矿石本身存在一定的差异，图 5-3（e）列出了国内云应盐岩和国外巴基斯盐岩两种盐岩受损后在室温静置环境的损伤恢复情况对比。从图 5-3（e）中可知，两种盐岩在室温静置条件的恢复趋势和恢复量比较接近，不同的是，国内盐岩因晶粒尺寸大（粒径约为 4~10mm），而制备的试件尺寸相对较小，使得试件恢复过程中损伤恢复值有所波动。从表 5-3 可知，国内盐岩因其强度要低于国外盐岩，在同样的加载状态下，国内盐岩产生的初始损伤要大很多，但从最终由声波确定的损伤恢复量来看，其恢复状态和国外盐岩较为接近。总的来说，高纯度盐岩的自恢复特性基本相似，尽管在晶粒尺寸和组成结构上有所差异，但两种盐的主要成分都是氯化钠，即它们的基本物理性质是相同的，损伤恢复过程主要受岩体矿物性质影响，其所处的环境对岩体恢复起加速或延缓、促进或抑制作用。

⟨5.3⟩ 盐岩在水与温度作用下损伤愈合的声发射特征

5.3.1 饱和卤水与温度处理前后试件物理力学参数分析

通过对每个试件进行的单轴压缩试验，获得各组不同处理方式试件的平均物理力学参数，结果见表 5-4。每组试件的应力应变曲线如图 5-8~图 5-10 所示。

表 5-4 处理前后物理参数对比表

分 组	试验小组	初期弹性模量/GPa	处理后弹性模量/GPa	弹模增量/%	极限强度/MPa
第一组	DZ-1	1.04	—	—	43.1
	DZ-2	1.04	2.55	1.45	47.5
第二组	WJJ-1	1.49	1.53	0.03	32.2
	WJJ-2	1.55	2.26	0.46	41.4
	WJJ-3	1.59	2.42	0.52	43.2

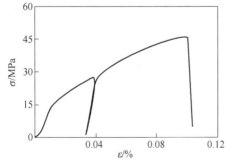

图 5-8　DZ-2 全应力-应变曲线

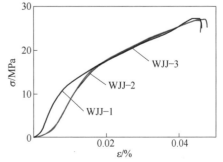

图 5-9　第二组试件愈合处理前加载
应力-应变曲线

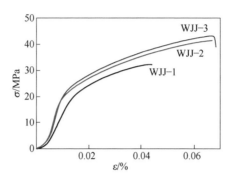

图 5-10 第二组试件愈合处理后加载应力-应变曲线

从表 5-4 中对比可发现，未做愈合处理的试件组 DZ-2 比单轴加载至破坏的试件组 DZ-1 的平均极限强度高，这是前文提到的应变硬化/软化（曹文贵等，2011）造成的影响，因此在前文试件选择中，我们严格选取初始加载曲线基本一致的试件进行后续试验，以减小这种效果对试验结果的影响，便于试验数据对比分析。而 DZ-1、DZ-2 的极限强度都比有愈合处理的第二组的平均极限强度大，这从前文中提到的相关文献中可以知道，温度对盐岩的极限强度具有弱化效果。因为盐岩中的矿物颗粒具有不同热膨胀系数和晶粒的各向异性，在温度作用下的不协调性膨胀产生了热损伤；也可能因为盐岩中所含结晶水的失去而导致。同时，卤水的浸泡（史丽君，2013；王雷，2014）也会降低盐岩的极限强度，因为卤水的浸泡会对盐岩晶体表面产生溶蚀作用。根据表 5-4 中数据，还可以发现第二组的每个小组的平均弹性模量都比无愈合处理的试件组 DZ-2 平均弹性模量低，这说明温度和饱和卤水的浸泡对盐岩的弹性模量也有弱化效果。

同时，在第二组各个小组的全应力-应变曲线的比较中可以发现：在 100℃内，随着烘干温度的增加，盐岩试件再次进入塑性区需要的轴向变形量在降低；相同损伤试件在经过愈合处理后，平均极限强度与平均弹性模量在升高，这说明在愈合处理阶段损伤盐岩试件存在着损伤愈合作用，而且愈合程度会随着烘干温度的升高而增强。

此次试验中，由于初期的加载损伤，盐岩内部产生了许多微裂纹。在饱和卤水的浸泡下，裂纹间距可能因溶蚀作用被增大，甚至产生了各个裂纹之间的联系形成网络，这也是饱和卤水浸泡下盐岩产生弱化的原因。但当饱和卤水尽可能地充满微裂纹时，在温度的作用下，NaCl 会从饱和卤水中析出结晶，这些析出的晶粒会在裂纹表面生长。甚至由于生长而连接两个裂隙面，将两个分开的裂隙面用晶体网络联系在一起，这种重结晶面相比之前的裂纹而言产生了一定的强度的抵抗力。图 5-11 所示为 SEM 电镜分别扫描了原盐岩表面裂纹和卤水浸泡重结晶后的原盐岩表面裂纹的形貌，可以发现有过愈合处理的裂纹周围产生许多结晶颗粒（编号2），裂隙面上（编号1）开始有结晶颗粒堆积，裂纹尖端（编号3）也有结晶颗粒堆积覆盖现象。

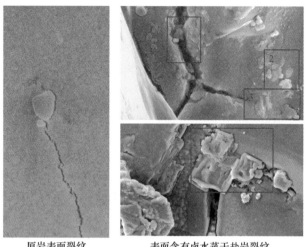

原岩表面裂纹　　　　　　　表面含有卤水蒸干盐岩裂纹

图 5-11　扫描电镜下不同情况下原盐岩表面裂纹对比

为进一步研究盐岩重结晶特征，增加了饱和卤水蒸发结晶试验，让同等质量的饱和卤水蒸发结晶。试验发现：100℃以内，随着温度的升高，晶体颗粒密度增加（如图 5-12 所示）。对这些块体进行电镜扫描发现，在 35℃ 与 55℃ 下结晶体大都为立方体结构，其尺寸大小随着温度升高在减小；随着温度继续升高到 80℃ 与 100℃，结晶体连接成为完成块状体而非立方体颗粒，且温度越高结晶块平整度越高（如图 5-13 电镜扫描结果所示）。由此，可以说明在充满饱和卤水的

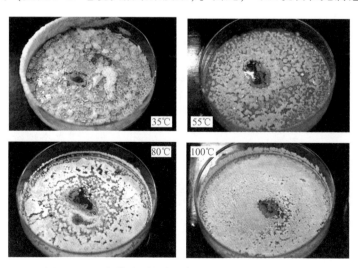

图 5-12　盐岩结晶颗粒密度与随温度变化尺寸对比图

图 5-13　40 倍电镜扫描结晶体形貌

损伤盐岩裂隙中，蒸发结晶颗粒密度也在随着温度的升高而增加，裂隙空间也会随之被填充得更为充分。在宏观上表现为其平均极限强度和弹性模量的增加。但若是裂隙出口从结晶填充一开始就被封堵，水分就无法排出裂隙导致结晶并不能形成完全的填充，所以愈合量也是有限的。当然，结晶效果还受到其他因素的影响。

　　结合以上现象和结果，盐岩在愈合过程中由于受环境影响大，并不能实现完全的愈合，而是伴随着损伤存在。

5.3.2　试验前后声发射特征分析

　　图 5-14 所示为试件在未做处理之前损伤阶段的声发射信号每秒计数总量和应力随应变变化的坐标图。

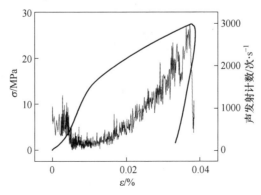

图 5-14　DZ-2 初期损伤应力与声发射计数随应变变化

从图 5-14 中可以发现，盐岩试件在初期加载至 26MPa 轴压前发生了大量的声发射。但是，如图 5-15 所示，在再次加载过程中出现了 Felicity 效应（Derek，1999），在盐岩再次加载到历史最大载荷前就开始发现了声发射信号。Kaiser 点位于弹性变形接近于塑性变形的应力应变曲线段。这是因为声发射采集的是材料内部结构在破坏时所产生的弹性波。在 DZ-2 的试验中，损伤盐岩再次到达弹性变形阶段的时候，初始加载已将大量结构破坏所产生的弹性波释放，所以再次经过弹性段时，盐岩内部颗粒之间的摩擦等所产生的信号很小。但是，当盐岩试件再次进入塑性阶段的时候（并未达到历史最大载荷），产生的不可逆塑性变形本质是内部结构的继续破坏与损伤（包括晶粒之间的摩擦与挤压、晶粒与杂质颗粒间的挤压变形、裂隙面的错动等）。这一过程会产生新的弹性波，所采集的声发射计数量也会随着加载的继续而增加，所以出现了上述现象。

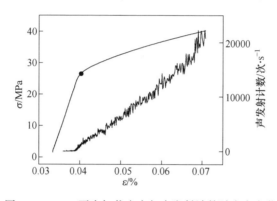

图 5-15　DZ-2 再次加载应力与声发射计数随应变变化

5.3.2.1　有愈合处理盐岩的单轴声发射规律

如图 5-16 所示，对有愈合处理的第二组盐岩试件组 WJJ-1 进行分析时发现：再次出现 Felicity 效应时，Kaiser 点并不是靠近盐岩塑性变形段，而是处于加载起始段，WJJ-i 内每小组的平均 Felicity 比值也远小于无愈合处理 DZ-2 试验组。这证明 Felicity 效应提前了。因为声发射信号的发生需有材料内部损伤破坏产生弹性波，这说明再次加载有愈合处理的试件经过弹性变形阶段时就产生了内部结构的损伤变形与破坏。这验证了此次试验的力学性质分析得出的卤水浸泡与烘干产生的重结晶对盐岩内部有损伤有愈合效果的结论。对比无愈合处理的声发射数据，这种现象也是受初始加载产生的裂隙中的重结晶颗粒的破坏的影响而出现的。

5.3.2.2　愈合处理中烘干温度对盐岩声发射的影响

对 WJJ-i 试件组再次加载到达历史最高载荷过程的声发射数据分析处理（如图 5-16~图 5-18 所示）发现：再次达到初期加载最大应力值（26MPa）之前，随

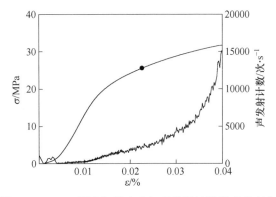

图 5-16 WJJ-1 再次加载应力与声发射计数随应变变化

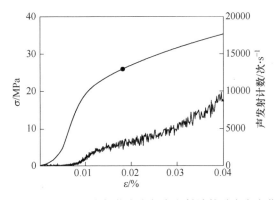

图 5-17 WJJ-2 再次加载应力与声发射计数随应变变化

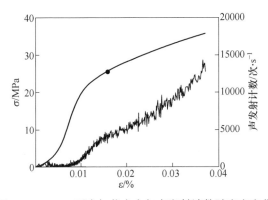

图 5-18 WJJ-3 再次加载应力与声发射计数随应变变化

着处理温度的升高，声发射计数量释放的波动性越高，即 $P_1 < P_2 < P_3$（P_i 表示 WJJ-i 试件组拟合直线段计数量的波动程度）。直线拟合声发射上升中间直线段的

斜率。发现处理温度越高，声发射计数量增加速率越高，即 $k_1 < k_2 < k_3$（k_i 表示 WJJ-i 试件组拟合直线的曲率），这也验证了力学性质分析得出的随着温度升高愈合效果加强的结论。

根据以上试验分析可以得出如下结论：

（1）温度和水对盐岩强度和弹性模量都有弱化效果。随着温度升高，盐岩的极限强度和弹性模量会降低。

（2）在经过饱和卤水浸泡与烘干过后，随着烘干温度的提高，盐岩的内部损伤的愈合效果会增加；盐岩试件再次进入塑性区需要的轴向变形在降低。这种损伤的愈合是因为裂隙中 NaCl 结晶形成的结晶颗粒生长等因素对裂隙填充造成，但是并不能完全愈合盐岩总体损伤量。

（3）损伤盐岩试件再次加载过程中会发生 Felicity 效应。有过愈合处理的试件在此过程中随着烘干温度的升高，Felicity 比值也在变小，Kaiser 点相对的提前。

（4）饱和卤水浸泡过的盐岩在烘干后，其声发射计数释放的波动程度会随着烘干温度的升高而越高，声发射信号计数量增加速率也随之越高。此过程存在盐岩损伤的愈合。

综上，此次试验对前人诸多试验结论进行了验证，得到了盐岩强度受温度、水影响的物理力学试验规律；通过试验过程中的细观现象解释了损伤愈合的主要原因；结合声发射检测手段，对温度影响下盐岩损伤愈合前后的声发射现象进行了深入的探讨证实了该过程损伤愈合的发生。虽然盐岩有愈合能力，但是在水和温度等共同作用下伴随着愈合的同时也有损伤的产生且愈合并不能使盐腔整体损伤完全愈合。因此，在实际工程应用时，考虑损伤愈合的同时还应该着重分析环境对盐腔损伤的影响，以维护腔体稳定性。

5.4 本 章 小 结

综合分析盐岩在单轴压缩条件下产生的应力损伤静置恢复试验和温度影响盐岩损伤恢复试验结果，可得如下结论：

（1）盐岩单轴压缩损伤后，在一定的温度、无应力作用条件下，其损伤能得到一定的恢复，但不能完全恢复至完整状态。在损伤恢复过程中的前 200h，侧向损伤恢复较快，之后趋于缓慢并逐渐稳定。

（2）微裂纹能通过再结晶作用得到愈合，大裂纹则难以得到愈合。侧向初始应力损伤值越大，晶体内部较大裂纹和大裂纹增多，越不利于损伤恢复。温度的升高会促进晶体内的晶粒再结晶作用，有利于盐岩侧向损伤的恢复。

（3）损伤岩盐在经过饱和卤水浸泡与烘干过后，随着烘干温度的提高，岩盐的内部损伤的愈合效果会增加；岩盐试件再次进入塑性区需要的轴向变形在降低。这种损伤的愈合是因为裂隙中 NaCl 结晶形成的结晶颗粒生长等因素对裂隙填充造成。但是并不能完全愈合岩盐总体损伤量。

（4）饱和卤水浸泡过的岩盐在烘干后，其声发射计数释放的波动程度会随着烘干温度的升高而升高，声发射信号计数量增加速率也随之升高，由此可以推测出此过程岩盐的损伤愈合发生。

⑥ 盐岩剪切损伤自愈合特性

⟨6.1⟩ 试验准备与设计

6.1.1 试样制备与试验装置

试验所用的盐岩试样取自中国云应盐矿，为较高纯度粗晶粒盐岩。盐岩试样加工成边长为 50 mm 的立方体，加工方式为机器切割后手工打磨。所有试样的加工均按照岩石力学试验规范进行，并对其进行表面磨光处理，加工好的盐岩试样如图 6-1 所示。

图 6-1　国内盐岩试样

试验在重庆大学煤矿灾害动力学与控制国家重点实验室进行，利用高温三轴试验机进行加载，配合角剪模具实现剪切加载。高温三轴试验机采用计算机自动控制的电液伺服自动加载系统进行加载，恢复环境由恒温水浴箱提供，加载试验机和角剪模具如图 6-2 所示。

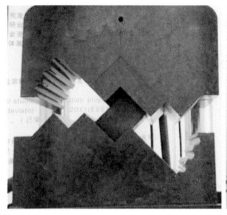

图 6-2　试验装置

6.1.2　试验方案

　　本书中的不完全剪切试验是指对盐岩试样进行角模压剪试验时加载只进行到峰值载荷附近或达到峰值前一定程度就停止加载，然后立即卸载以待下一次加载，不进行试样的峰后加载。因为峰值以后试样已经产生很明显的破坏，不利于后续重复加载试验和恢复试验，所以本书采用不完全剪切试验作为研究手段。

　　为了对比不同加载方式对盐岩试样损伤和自恢复效果的影响，设计了以下 4 种试验方案，见表 6-1。每种方案有 3 个试样。加载采用计算机控制，采用位移加载，加载速率为 0.5mm/min，每次试验加载到目标值以后就立即卸载。方案三中的试样在第 4 次剪切后就已经完全破坏，无法继续进行试验。方案四中的试样第 6 次剪切后仍然比较完整，总共重复进行了 16 次剪切试验。为确保第一次剪切时，试样的损伤程度达到试验要求，考虑盐岩试样性质可能存在的离散性，试样均至少被剪至明显达到塑形区。试样的恢复过程是在 50℃ 恒温水浴箱进行的，每一次恢复时，试样均用保鲜膜密封包裹，防止试样内部的水分流失和试样受到箱体内水蒸气的影响。

表 6-1　试验方案及实施步骤

试验方案	试验步骤（从左至右）											备注
	剪切方向	加载目标	恢复时间/h	加载目标	恢复时间/h	加载目标	恢复时间/h	加载目标	恢复时间/h	加载目标	恢复时间/h	加载目标
方案一	恒定	峰值90%	0	峰值	24	峰值	48	峰值	72	峰值	192	峰值	结束

试验方案	试验步骤（从左至右）													备注
	剪切方向	加载目标	恢复时间/h	加载目标	恢复时间/h	加载目标	恢复时间/h	加载目标	恢复时间/h	加载目标	恢复时间/h	加载目标		
方案二	交变	峰值90%	0	峰值	24	峰值	48	峰值	72	峰值	192	峰值		结束
方案三	恒定	峰值90%	0	峰值	0	峰值	0	峰值	0	破坏	0	破坏		结束
方案四	交变	峰值90%	0	峰值	0	峰值	0	峰值	0	峰值	0	峰值		继续

⟨6.2⟩ 盐岩剪切损伤恢复前后强度分析

6.2.1　剪切破坏过程分析

在试验开始之前，首先对盐岩进行了 45°角模压剪试验，变角剪切压模试验计算公式为

$$\tau = \frac{P}{A}(\sin\alpha - f\cos\alpha) \tag{6-1}$$

$$\sigma = \frac{P}{A}(\cos\alpha + f\sin\alpha) \tag{6-2}$$

式中，P 为轴向载荷；A 为试样剪切破坏面积；α 为剪切面与水平面的夹角；f 为滚轴摩擦因数。

图 6-3 给出了盐岩 45°角模压剪试验的全应力-应变曲线，试样的平均剪切强度为 17.89MPa，平均剪切模量为 478.31MPa。盐岩具有较好的延性，当应力超过峰值应力后，在应变不断增加的情况下，应力缓慢降低。盐岩的峰后曲线段在整个应力-应变曲线中所占的比例非常大，一般都会超过整个试验曲线的 50%，而且下降过程中呈现类似阶梯状的下降方式，承载力的降低呈明显的阶段性特征，如图 6-3 所示。这样的特征在盐岩等软岩中表现明显，有别于一般的脆性岩石（曹辉等，2010；陆银龙等，2010；刘江等，2006）。由于盐岩晶粒结构具有很强的可塑性，在加载速率较慢的情况下，盐岩的自适应性很好，内部结构的顺向滑移使其趋于破坏的过程变慢，不会出现应力的骤降；其次，盐岩为方形晶粒，盐岩的破坏是由晶粒的错动和晶粒的破坏造成的。在峰值应力之前，盐岩的损伤主要是晶粒间的相对滑移造成的（姜德义等，2012），而随着加载力的增大，晶体开始出现破裂，穿晶裂纹开始出现，部分完整晶体承载力下降甚至破坏至粉

末。随着加载的继续进行，越来越多的晶体开始破碎，一部分晶体的破碎就代表着应力的阶段性降低。试验过程中，剪切面法向位移不断增大，剪裂面的相对摩擦力增大，也使得试样承载力下降缓慢。在加载过程中，未与压头接触的 2 个面出现明显的剪胀现象，并且有成片的盐岩块体剥落，如图 6-4 所示。

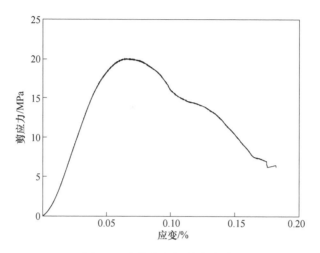

图 6-3　试样全应力-应变曲线

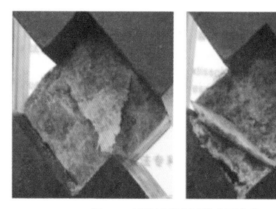

图 6-4　试验过程中试样表面变化

6.2.2　不同加载方式的对比分析

岩石介质的形变中广泛存在应变硬化与软化现象。应变硬化与软化可归结为形变过程中稳态应力的变化。对于应力松弛而言，稳态应力的变化是与形变有关的，在线性形变阶段，稳态应力在应力松弛中基本能保持为常数，但随着非线性形变出现，稳态应力将随应力松弛中非弹性形变积累而增加，即出现应变硬化；

但在峰值应力附近，显著的非弹性形变并不能引起多大的稳态应力改变，这种现象是形变机制的转变预兆。在超过峰值应力后的形变中，应力松弛导致的应力积累引起了稳态应力的减小，即出现应变软化（伍向阳，1996）。硬化特征的描述可以通过具体的参数和现象，如变形模量、应力上升速率、变形能力等。材料处于硬化状态时，变形模量比正常状态时明显增大；在相同应变下，其应力增加的速率远远超过正常试件；达到峰值应力时，硬化试件的变形量要远远小于正常试件。在试验中，盐岩进行第 1 次不完全剪切后，根据理论分析，第 2 次剪切时将会出现明显的应变硬化现象。这在定向重复剪切试验结果中得到了验证，试件的剪切模量出现了不同程度的增大。但是对于变向剪切的试件，这种情况则没有观察到，试件的剪切模量不断地降低。这说明在剪切试验中应变硬化对剪切方向很敏感。

按交变方向重复加载的试件在第 4 次剪切后就已经完全破坏，无法继续进行试验；按恒定方向重复加载的试件第 6 次剪切后仍然比较完整，总共重复进行了16 次剪切。

图 6-5 为盐岩试件连续 16 次的定向剪切的应力应变曲线。从第 2 次剪切开始，其剪切模量也几乎没有发生变化。但是试件的剪切强度随着剪切次数的增加开始逐渐降低，这是由于循环加载的进行，损伤的不断积累，试件的承载能力随之也不断下降；图 6-6 为盐岩试件连续 4 次变向剪切的应力应变曲线，试件经历4 次重复剪切之后，断裂为两部分完全丧失承载力，这与定向剪切试验的结果有很大区别。

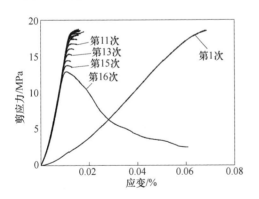

图 6-5　定向重复剪切试件应力应变曲线

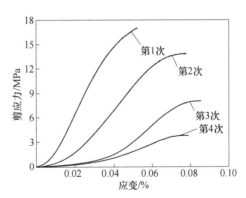

图 6-6　变向重复剪切试件应力应变曲线

图 6-7 为重复试验过程中，两种剪切方式下试件的峰值剪应力变化图。从图中可以明显地看出，变向剪切加载方式对盐岩损伤的影响远大于定向剪切加载方式。变向剪切方式下只进行了 4 次重复加载峰值强度就降低了 83.83%，而定向剪切方式下在进行了 16 次重复加载后，峰值强度只下降了 30.44%。对试件进行

重复不完全剪切试验的初始阶段，盐岩的抗剪切强度并没有发生明显的降低，但是随着剪切的重复进行，试件的累积损伤达到一定程度，其抗剪切能力自然会不断降低，下降的速度也会越来越快；但是如果盐岩受到相反方向的剪切力交替作用，盐岩的抗剪强度会出现明显而又快速的降低，试件很快就会完全破坏。

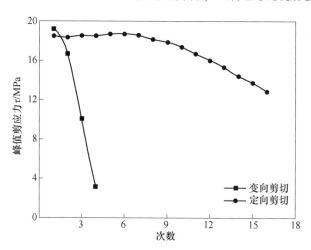

图 6-7　不同剪切方式下峰值应力变化对比

峰值剪应力随加载次数的变化关系可分别表示为：

对于变向剪切方式：

$$\tau = -5.5n + 26.03 \quad R^2 = 0.96 \tag{6-3}$$

对于定向剪切方式

$$\tau = -0.043n^2 + 0.37n + 17.923 \quad R^2 = 0.99 \tag{6-4}$$

式中，τ 为抗剪强度；n 为重复剪切进行的次数；R^2 为拟合相关系数。

6.2.3　有无恢复过程的对比分析

根据 Houben 等人（2012）的分析，盐岩裂隙的愈合存在三种机理：第一，压力闭合，采用外加压力的手段，使得盐岩内部存在的裂隙闭合，试件在压力的作用下变得密实。第二，扩散效应，在表面能的作用下，裂隙张角两侧的 NaCl 会被运移、堆积到顶角处，最终使得界面之间的接触面积增加，因而盐岩试件的力学性质也得到一定程度的恢复，在这个过程中，水分是 NaCl 转移的介质。第三，再结晶作用，再结晶作用是在固态条件下发生的一种晶体生长作用，晶体的生长使得裂隙两边晶界面的点接触部分重新生长在一起。从三种愈合机理可以看出，盐岩的恢复是能够实现的，但也是有限的。试件在载荷卸去以后，会出现一定程度的弹性恢复，这个过程对试件内部裂纹的闭合有一定的效果；扩散效应是由表面能激发引起的，温度可以提高晶体的表面能，同时也会加速 NaCl 分子的转移速度；同时温度提供的热能可以激发晶粒的生长，由微小晶粒生长成为粗大晶粒。因此，本试验中提供的恢复条件，对于三种恢复机理都有一定的促进作用，恢复的效果比较明显。

图 6-8 为变向剪切试验方案中，进行恢复和没进行恢复的典型应力-应变曲线对比图。因为无恢复试件四次剪切就已经断裂为两部分，所以最后一幅图只有恢复后试件的剪切应力应变曲线。从图中可以明显看出，剪切的次数越多，恢复的效果表现得越明显。剪切的次数越多，意味着试件的损伤程度越大，意味着每次恢复开始时的初始损伤比较大。姜德义等人（2012）通过试验得出结论，侧向初始应力损伤值越大，总损伤恢复值也越大，裂纹面愈合的越多。因为当试样在承受较大应力时会发生变形，晶体产生位错，并在其内部积累应变能，使得盐岩试样的能量增加。应力作用下的晶体，其位错密度将随应力的增加而增加。晶体的损伤越大，位错密度越高，晶体的应变能就越大，裂纹愈合的就越多。从试件可以进行重复剪切的试验次数可以看出，盐岩的自恢复效应对试件破坏有明显的延缓作用。

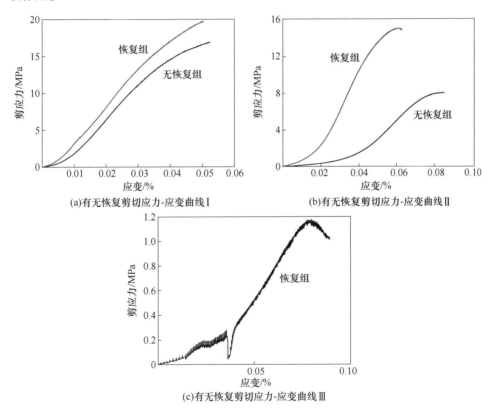

(a)有无恢复剪切应力-应变曲线Ⅰ

(b)有无恢复剪切应力-应变曲线Ⅱ

(c)有无恢复剪切应力-应变曲线Ⅲ

图 6-8　变向重复剪切试验应力应变曲线对比

图 6-9 为定向剪切试验方案中，进行恢复和没进行恢复的典型应力应变曲线对比图。第一和第二幅图的对比可以明显看出，没有进行恢复的试件，应变硬化效果十分明显，而已经恢复过的试件，相对于无恢复试件，应变硬化就没有那么明显，这说明盐岩的再结晶作用对应变硬化有明显的弱化作用；之后的对比图，无恢复试件应变硬化现象一直存在，而恢复过的试件弹性模量不断降低，而且流变性越来越明显。应变硬化是由于载荷的增加，盐岩晶体中微观结构缺陷不断扩散，使盐岩晶体结构逐渐转变为一种无序结构体造成的（刘江等，2006）。应变硬化最直接的表现就是弹性模量的增加，试件第 2 次剪切加载时弹性模量平均增大至原来的 3.63 倍，即使是经过了 24h 恒温恢复之后，试件弹性模量也平均增大至原来的 2.69 倍。盐岩恒温恢复的效果在于使盐岩晶体由无序结构状态恢复到有序结构状态，使得试件的力学性质更接近原来的状态；由于重复加载造成试件内部微缺陷的积累、晶粒尺寸的减小，在热能的激发下，部分晶粒成长变粗，部分晶粒则被消耗而最终消失，造成盐岩内部孔隙尺寸增大，所以再次加载时，曲线的压密阶段越来越长，弹性阶段则越来越短。

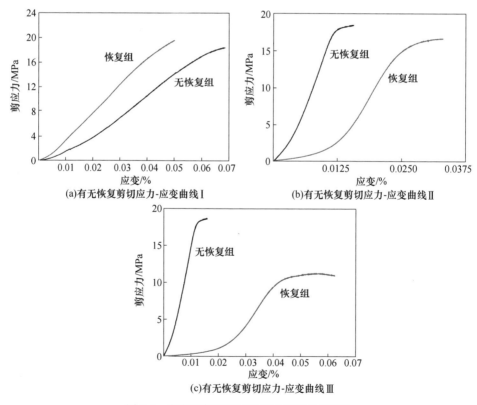

图 6-9 定向重复剪切试验应力应变曲线对比

⟨6.3⟩ 损伤恢复效果分析

　　图 6-10 为变向剪切试验中，每次重复剪切所得到的盐岩弹性模量的对比图。没有进行恢复的试件，其剪切模量随着剪切次数的增加快速减小，而且在第 4 次剪切时，断裂为两部分，完全破坏；在每一次剪切之前进行了恢复的试件，其弹性模量也不可避免的不断减小，但是区别在于减小的速度比不恢复试件略微缓慢，而且其完全破坏的过程也缓慢得多，经过了恢复的试件都至少进行了 6 次重复剪切试验，部分试件甚至仍然没有完全破坏，从这个方面看，温度对盐岩损伤的恢复效果十分明显。

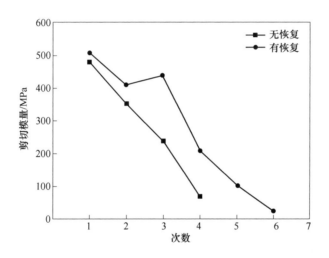

图 6-10　变向重复剪切试验剪切模量对比

　　图 6-11 为定向剪切试验中，每次重复剪切所得到的盐岩弹性模量的对比图。没有进行恢复的试件，在第 1 次不完全剪切之后应变硬化现象十分明显，试验进行了多达 16 次的重复剪切试验，15 次累计变形达 14.05mm 后，试件的弹性模量仍然高达 1678MPa；在每一次剪切之前进行了恢复的试件，其剪切模量在第 2 次剪切时也出现了应变硬化现象，但是随着每次重复的剪切，试件的弹性模量开始稳定的减小，到第 6 次加载之后，剪切模量恢复到原来的水平，应变硬化现象几乎完全消失。

　　通过对两种加载方式的恢复试验结果进行分析，可以发现，在相同的恢复环境中，不同加载方式作用的试件，呈现出不同的恢复效果。对于定向加载的试件，其恢复作用主要体现在对应变硬化的弱化，进而表现出的流变性增强、力学参数降低、破坏过程减缓等现象；而对于变向加载的试件，其流变性增加

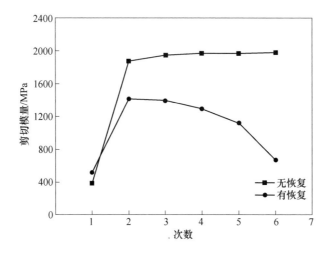

图 6-11 定向重复剪切试验剪切模量对比

的并不十分明显，力学参数略有增强，破坏过程的减缓十分明显。这主要是因为，应变硬化的作用导致盐岩体内部结构的变化，对于盐岩晶粒间的作用方式有很大的影响，进而造成盐岩力学参数不同程度的减弱，但是由于热能激发而出现的再结晶作用，导致了晶粒的生长，增强了被破坏晶粒间的相互作用，因此，盐岩恢复后的力学参数都出现了不同程度的减弱，但是其破坏过程也明显因此延缓。

⬡6.4 本 章 小 结

本章基于盐岩剪切损伤愈合试验，研究了盐岩剪切损伤愈合特性，得到如下结论：

（1）盐岩材料在进行 45°角模压剪试验时，应力达到峰值以后不会快速减小，峰后曲线的流变性非常明显，峰后曲线在全曲线中所占的比例超过 50%，而且应力下降过程中呈现类似阶梯状的降低特征。

（2）交变方向加载对试样的损坏影响远远超过恒定方向加载，且盐岩的硬化特性对应力方向很敏感；当盐岩试样受到交变载荷重复作用时，试样的抗剪强度会迅速降低，试样也会很快发生破坏；当试样受到恒定方向载荷重复作用时，试样的抗剪强度会先稳定后下降，且应变硬化现象一直存在，破坏过程相对比较缓慢。

（3）盐岩的自恢复效果在变向重复剪切试验中表现很明显，主要体现在盐岩破坏过程的延缓，恢复后的试样完全破坏过程比无恢复的试样可重复剪切的次数平均多两次；在定向重复剪切试验中，试样的恢复效果主要表现为流变性的增强。

（4）不同加载方式作用下的试样，在相同的恢复环境恢复一段时间以后，呈现出不同的恢复效果，说明造成损伤的原因不同，对试样的恢复特性有一定的影响。

⑦ 三轴应力作用下损伤盐岩愈合效应

⑦.1 试验准备与设计

7.1.1 损伤愈合宏观试验优化讨论

盐岩损伤愈合宏观试验研究最大的难点在于营造可靠的恢复环境，根据已有研究，水、温度、压力等都可以在一定程度上促进盐岩的损伤愈合进程，但是在促进恢复的同时也会增加盐岩的损伤程度。因此，试验方案的恢复环境如果不能设定到恢复的最佳状态。宏观恢复物理力学评价指标将不能直接表征出盐岩的恢复现象，而是展现出明显的损伤加强效果。如何避免该问题，从真实试验数据中过滤出试验所需的试验结果是进行宏观试验之前必须解决的问题。

7.1.1.1 损伤愈合试验分析

在宏观愈合过程中，恢复可以在盐岩的物理力学性质、材料力学参数、能量信号等各个方面表征出来。但是宏观恢复过程是伴随着以下两种情况：

（1）单纯的空间结构变位引起的力学结构承载力的变化。该过程基本原理与隧道松动圈理论类似；也可能是由于自身内部裂隙结构产生压实而暂时性的强度恢复效果。

（2）在温度、水、压力等环境因素的作用下，盐岩内部晶体产生迁移/生长，这些晶体的迁移/生长导致损伤内部裂隙产生裂隙面的铰接与填充甚至于裂隙面的闭合，这些现象宏观上表现出盐岩的损伤愈合能力。

7.1.1.2 损伤愈合试验准备与试验数据的优化

本书中宏观评价盐岩损伤愈合过程中同样选取这些基础物理参数为指标。但是在以这些参数为评价指标之前就必须解决上文中所提到的问题。为此，提出以下试验处理方式与注意事项。

A　试验设计的优化

（1）为保证试验数据组之间数据的可对比性，尽可能地减小每一个试验试件之间的个体性差异，包括他们最初期的物理力学性能差异。

（2）试验过程中严格保证每一个数据组之间变量只有一个，其他所需环境保持统一。

B　试验准备与试验过程的优化

为从力学参数上过滤出所需信息，减小试验整个过程中试件的个体性差异（由于每个试件中的各个成分含量、不可视杂质等造成）。因此在试验准备初期做了以下严格要求：

（1）在准备试件过程中，试验材料统一选取为巴基斯坦北部地区的天然盐岩，盐岩试件中的 NaCl 含量超过 96%，试件均质性较好。

（2）为了进一步减小离散性误差，本试验选取颜色一致、无可视结构面与杂质的试件，并加工成平整度控制在 ±0.02mm 以内的 ϕ50mm×100mm 圆柱形试件，如图 7-1 所示。

图 7-1　试验试件

（3）在进行初期等载荷损伤的时候进行了大量试件的压缩试验，然后在这一批损伤试件中取出应力应变曲线基本一致、初期弹性模量相差不大的试件，再分组进行后续试验工序。以此尽可能的使得选取的试件之间的应变硬化/软化系数接近，便于后期比较分析与对比。

7.1.2　试验方法

7.1.2.1　试验所需的仪器与设备

试验使用的设备有：WSD-400 微机控制电液伺服三轴实验机，由重庆大学煤矿灾害动力学与控制国家重点实验室自行研制；DiSP-56 全数字化声发射检测仪，为美国物理声学公司生产。试验中设置参数为：门槛值：45dB，声发射采样率：1MSPS（每微秒采集一个样本），定时参数：PDT（35μs），HDT（150μs），HLT（150μs）；恒温水浴箱；电热恒温干燥箱；高精度电子秤；Sony 高清摄像机等。

如图 7-2 所示，WSD-400 微机控制电液伺服三轴实验机由液压站、计算机测控系统、主机等部分组成。工作过程中，由液压站提供系统动力，计算机测控系统用于控制电液伺服阀通过电液伺服缸加载，主机上安放试样，并在计算机控制下进行加载试验，加载试验是按规定的加载过程自动完成。该实验机设计规格如下：

（1）最大试验力（轴向力）：400kN；轴向力范围：5～400kN；示值精度：优于示值的±0.8%。

（2）工作活塞最大行程：60mm；速率范围（无级）：0.1～80mm/min；速率控制精度：小于设定速率的±0.8%。

（3）位移示值分辨率：0.04mm；示值精度：优于示值的±0.8%。

（4）最大围压：30MPa；试验范围：0.6～30MPa；示值精度：优于示值的±0.8%。

图 7-2　WSD-400 微机控制电液伺服三轴实验机

7.1.2.2　试验方案的设计：盐岩在围压状态下的损伤愈合研究

为得到不同因素影响下盐岩的愈合能力，试验将试件分为四部分，每部分分成几组试验。同时，为了消除试验结果离散性差异，每组试验重复做 3 个试件。由于试验具有较好的可重复性，每组试验随机抽取一个试件的试验数据进行分析，并编号。最终取 H1 作为多个因素分析对比的基础对比组。编号如下：做盐岩的单轴压缩试验的 D1、D2；进行不同围压保压的 H1、H2、H3；进行了不同保压时间试验的 H1、H4、H5；进行了不同初始损伤的 H1、H6、H7。方案见表 7-1。

表 7-1　试验方案

试验组分	前期损伤轴压/MPa	保压围压/MPa	保压时间/h
D1	26	—	0
D2	max	—	—

试验组分	前期损伤轴压/MPa	保压围压/MPa	保压时间/h
H1	26	10	6
H2	26	15	6
H3	26	20	6
H4	26	10	9
H5	26	10	12
H6	32	10	6
H7	38	10	6

（1）单轴试验：试件 D1 进行单轴压缩试验，以 0.2kN/s 的加载速率加载至轴压 26MPa 后，以相同速率降至 2.5MPa。最后以 0.5mm/s 的加载速率加载至试件破坏。

试件 D2 以 0.5mm/s 的加载速率将试件直接加载至破坏。

（2）不同围压保压条件下：先以 0.2kN/s 的轴压加载速率轴压加载至 26MPa；再以相同速率降至 2.5MPa，此后开始进行 6h 的保压试验，围压大小分别选取为 10MPa、15MPa、20MPa；保压完成后，用 0.5mm/s 的加载速率将试件进行单轴压缩破坏。

（3）不同的轴压破坏条件下：试件以 0.2kN/s 的轴压加载速率加载至 26MPa、32MPa、38MPa（分别取单轴抗压强度的 60%、75%、90%）进行损伤破坏；然后以相同的速率降至 2.5MPa；最后用 10MPa 的围压进行 6h 的保压试验，待保压完成，用 0.5mm/s 的加载速率将试件进行单轴压缩破坏。

（4）不同保压时间条件下：先以 0.2kN/s 的轴压加载速率加载至 26MPa 后，再以相同速率降至 2.5MPa，此后分别进行 10MPa 下 6h、9h、12h 的保压试验，待保压完成，以 0.5mm/s 的加载速率将试件进行单轴压缩破坏。

经过 D2 试件的单轴压缩试验得到此批盐岩的平均单轴抗压强度为 43MPa。

以上所有围压加卸载速率均为 0.2MPa/s。试验环境均保持为室内常温。

⬡7.2 围压作用下盐岩的损伤愈合研究

7.2.1 单轴损伤试验与保压愈合试验的对比分析

根据前人的研究成果（任松等，2012a，2012b），盐岩无论是单轴加载还是循环、变级加载都受全应力-应变曲线的控制，即应变控制理论。因此，研究盐岩的愈合特性时，对应变愈合程度的考量将至关重要。盐岩在压应力作用下的破坏形式多为剪胀破坏，除了环向应变情况外，文章选取体积应变作为分析对象，其中体积应变通过下式计算得到：

$$\varepsilon = \frac{\Delta V}{V_0} = \varepsilon_1 + 2\varepsilon_2 \tag{7-1}$$

式中，ΔV 为试件体积增量（膨胀为正，压缩为负）；V_0 为试件原始体积；ε_1 为轴向应变（拉伸为正，压缩为负）；ε_2 为环向应变（膨胀为正，缩小为负）。

如图 7-3 和图 7-4 所示，两条曲线分别是在单轴条件下破坏的试件 D1 和做围压保压试验的试件 H1 的轴向应力与轴向应变、轴向应力与环向应变曲线。从图中可以发现：轴压由 26MPa 降至 2.5MPa，在加载至破坏的过程中，D1 由于未经历保压，二次加载前轴向应变与环向应变的起点，与卸载段的末点相比，没有发生明显的变化，而进行了围压保压的 H1 轴向应变与环向应变均发生了不同程度的愈合。这是由于在初次加压过程中，盐岩在外载荷作用下使得内部晶体结构出现损伤并发育，盐岩裂隙增多。到保压过程中，围压的横向压缩作用使盐岩发育的裂隙逐渐闭合，裂隙空间逐渐减小，在宏观上表现为其体积的变化，也就是体积应变和环向应变的相应变化。但观察盐岩的应力峰值可以发现，二次加载后的峰值并未有较大差异。这是由于应变硬化效应的影响：H1 初次加载后经过围压保压作用，轴向的裂纹与损伤产生愈合作用使试样的强度增强；D1 经过初次加载使盐岩轴向方向内部结构变得更加致密，产生应变硬化效应，使二次加载的峰值强度呈现伪增强。加上不可避免的试验差异性，故而表面上两者强度相近。

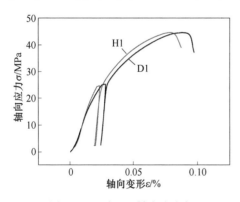 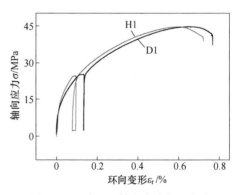

图 7-3 D1 与 H1 轴向应力与   图 7-4 D1 与 H1 轴向应力与环向应
　　　　应变曲线对比图   　　　　变曲线对比图

7.2.2　保压愈合试验的阶段特征分析

图 7-5 和图 7-6 分别是 H1 在围压保压情况下，保压期间的体积与环向应变随时间变化的曲线。在围压保压过程中，试件体积应变和环向应变均随着时间的推移大致呈现类负指数减小趋势。文章针对此现象进行了不同情况下的对比试

验，以确定不同情况下盐岩愈合能力，找到应力影响盐岩愈合的规律。

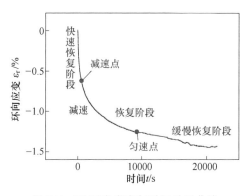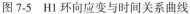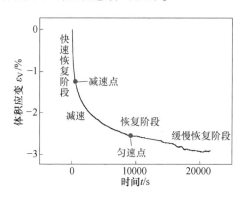

图 7-5　H1 环向应变与时间关系曲线　　　　图 7-6　H1 体积应变与时间关系曲线

在图 7-5 与图 7-6 中，对图像愈合初期的曲线进行线性拟合，当拟合直线与实际愈合曲线某一个点的切线斜率之差超过了拟合曲线斜率的 10%，则把这个点称为"减速点"。同理，对愈合后期的曲线进行线性拟合，当拟合直线与实际愈合曲线的一个点的切线斜率之差超过了拟合曲线斜率的 10%，则把这个点称为"匀速点"。把这两个点将曲线分成的前、中、后三段分别称为：快速愈合阶段、减速愈合阶段与缓慢愈合阶段。

从图中与相关文献资料（李廷春等，2010；李佳，2014；赵东宁等，2013）可知：在快速愈合阶段，盐岩各向应变都快速地降低，基本呈现线性降低的趋势。由于盐岩经历初次加载，内部裂隙发育与部分晶体结构产生破坏，形成了大量的内部空隙。保压期间，由于受到侧向的围压压迫作用，在初始阶段，试样的体积呈现出快速压缩变形，即快速愈合阶段。当内部空隙被压缩到一定程度过后，空隙壁的接触面积势必会增加，此时由于空隙的继续压缩受到抵抗，应变愈合趋势会呈现出减速的趋势，即减速点过后的减速愈合阶段。当盐岩试样内部空隙处于高度压密状态时，其变形愈合能力也快速放缓，愈合速率十分缓慢，即缓慢愈合阶段。根据 Houben 等人（2012）的文章，三种愈合机理的成因条件对应于试验曲线中三个愈合阶段：（1）初始快速愈合阶段，试样由于受到围压的快速压缩作用使内部空隙被快速压密，因此，此阶段愈合的主要机理为压力愈合机理；（2）在减速愈合阶段，由于空隙壁的接触阻碍了空隙被进一步压密，同时，接触面的增大促进了扩散作用范围的扩大，因此，此阶段愈合的主要机理为扩散愈合机理和压力愈合机理；（3）最后的缓慢愈合阶段中，扩散范围非常大，内部空隙已被完全压密，应力愈合作用已不明显。此阶段愈合的主要机理为扩散愈合机理；（4）在常温条件下，再结晶作用是一种缓慢的长期作用，因此，在各个阶段都存在再结晶愈合作用，但并不是主要机理。

7.2.3　不同围压对盐岩应变愈合能力的影响分析

该组试验分别选取了 H1、H2、H3 作为研究分析对象。该试验中，同样初始损伤的 H1、H2、H3 分别用 10MPa、15MPa、20MPa 围压经历相同时间 6h 的保压愈合，得到了图 7-7 与图 7-8 为两组环向与体积应变随时间变化的对比图。

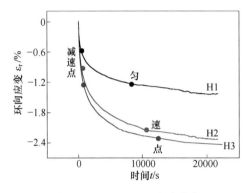
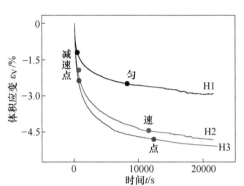

图 7-7　H1-H2-H3 环向应变与　　　　图 7-8　H1-H2-H3 体积应变与
时间曲线关系图　　　　　　　　　　时间曲线关系图

图 7-7 与图 7-8 中，H2、H3 显示出了与 H1 同样的保压愈合状态下的应变愈合的阶段性特征，同时还反映出：（1）在保压过程中，相同的保压时间内，较大的围压引起的力学愈合（即应变愈合）响应更大。这主要是因为压力愈合机理在围压增大时得到了增强。（2）减速愈合速率相对的变大，减速点、匀速点均向后漂移，前两个阶段的愈合时间相对延长。（3）缓慢愈合阶段的线性愈合速率有微量增加。（4）在围压增加梯度（5MPa-10MPa-15MPa）相同的情况下，H1-H2-H3 应变愈合的增加梯度却逐渐减小，即应变愈合总量随围压的增大呈现减速增加的趋势。

通过上述试验现象，发现围压影响应变愈合的规律：（1）较大的围压使应力愈合机理在盐岩的愈合过程中作用更加明显，增强了快速愈合阶段的速率。（2）三种愈合机理相互影响（Brantley 等，1990），应力作用增加了空隙间的贴合度，增强了扩散作用，造成了应变减速愈合段和缓慢愈合段的增强。（3）虽然在较大的围压作用下，应变愈合量在增大，但是过大的围压在压密轴向裂隙的同时引起另外一个方向（径向）裂纹的发育，引发了额外损伤。这一点在后文损伤愈合分析中也有体现。

7.2.4　保压时间对盐岩应变愈合的影响分析

第二组对比试验分别选取了 H1、H4、H5 作为试验对象，三者在同等程度初始损伤过后分别进行了 10MPa 下 6h、9h、12h 的围压保压，得出图 7-9 与图 7-10 两组环向应变与体积应变随时间变化的对比图。

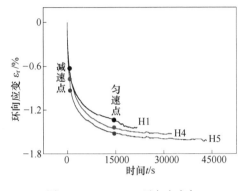

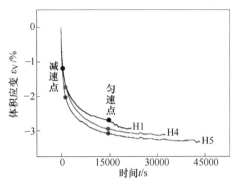

图 7-9　H1-H4-H5 环向应变与　　　　　图 7-10　H1-H4-H5 体积应变与
时间曲线关系图　　　　　　　　　　　时间曲线对比图

图 7-9 与图 7-10 中，盐岩应变同样表现出负指数变化并呈现三个阶段的愈合趋势，三条基本重合的曲线中，随着时间推移，应变愈合仍然在逐渐增加，最终趋于水平。对比中可以发现，随着时间的增加应变愈合呈现的特征有：（1）试样的差异性，只能存在于理想状态，在本质上是不可能避免的。相同试验条件下，试样的减速点和匀速点基本相同，H1、H4、H5 前两个阶段的应变愈合量几乎也是相同的。（2）不同保压时间造成第三个阶段（缓慢愈合段）随保压时间的变长而变长。

7.2.5　初始损伤对盐岩应变愈合能力的影响分析

第三组对比试验分别选取了 H1、H6、H7 作为试验对象。三者分别在经过 26MPa、32MPa、38MPa 的初始轴压损伤过后，随即将轴压降至 2.5MPa 并保持不变，开始加载 10MPa 围压并保压 6h，得出图 7-11 与图 7-12 两组环向应变与体积应变随时间变化而变化的对比图。

从图 7-11 与图 7-12 中可以看出：H6 与 H7 应变愈合曲线和 H1 一样，整体上仍然保持着负指数变化趋势。但对比分析可以发现，初始损伤对应变愈合的影响有：（1）较大的初始损伤造成了更多的裂隙发育，所以其在各个阶段，应变愈合就会随着初始损伤的增加而增加，表现为快速愈合段的愈合量和速率增加、减速愈合段的愈合量和速率的增加、缓慢愈合段速率的增加以及减速点和匀速点的向后漂移。（2）较大的初始损伤虽然可以在相同的围压和时间下产生更大的愈合量，但较大的损伤的试样愈合后，相对于其他愈合后的试样，仍然是损伤较大的（即损伤程度排序未发生变化），这一点在后文损伤愈合分析中也将体现。

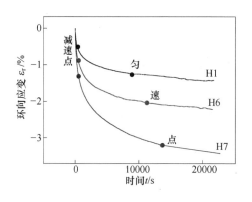

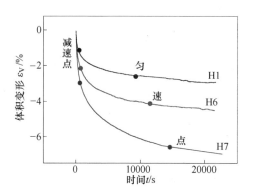

图 7-11　H1-H6-H7 环向应变与
时间曲线关系图

图 7-12　H1-H6-H7 体积应变与
时间曲线关系图

⟨7.3⟩ 盐岩损伤愈合能力分析

损伤愈合表现为经过损伤愈合的盐岩试样，其承载能力相对于有损伤的盐岩，能够有效地增强。本书通过对弹性模量（或变形模量）的考察，来分析盐岩在围压作用下的损伤愈合能力的变化。根据 Lemaitre（1985）创立的应变等效性假说，应力作用与受损材料所引起的变形等效于受损材料的实际有效承载面积，对于一维问题可用公式表示为：

$$\varepsilon = \frac{\sigma}{E} = \frac{\sigma'}{\widetilde{E}} \tag{7-2}$$

式中，ε、E、$\widetilde{E}$ 分别为无损伤材料的应变值、盐岩初始弹性模量与受损材料的弹性模量；$\sigma = F/A$，为横截面上的名义应力；$\sigma' = F/\widetilde{A}$，为净截面或有效截面上的应力，即有效应力（Kachanov，1958；Rabotnov，1969）。

根据式（7-2），谢和平等人（1997）给出了一维条件下不可逆塑性变形影响的弹塑性材料的损伤定义公式，与一维问题中基于应变等效性假设的受损材料本构方程作为"弹性模量法"定义和度量损伤的基本依据：

$$D = 1 - \frac{\widetilde{E}}{E} \tag{7-3}$$

$$D = 1 - \frac{\varepsilon - \varepsilon'}{\varepsilon} \frac{E'}{E} \tag{7-4}$$

式中，D 为损伤；E' 为弹塑性损伤材料的卸载刚度；ε' 为卸载后的残余塑性变形。

通过式（7-3）和式（7-4）可以推导出经过损伤过后的弹塑性盐岩的弹性模量：

$$\widetilde{E} = E' \frac{\varepsilon - \varepsilon'}{\varepsilon} \tag{7-5}$$

定义保压过程中盐岩损伤愈合率 K 为 1 与保压前的弹性模量 $\widetilde{E}$ 与保压后的弹性模量 E_1 的比值之差，即：

$$K = 1 - \rho \frac{\widetilde{E}}{E_1} = 1 - \rho \frac{E'}{E_1} \frac{\varepsilon - \varepsilon'}{\varepsilon} \tag{7-6}$$

式中，ρ 为不同加载方式下的相关性转换系数。

根据各个试验数据求得盐岩损伤愈合率，得到统计表 7-2。

表 7-2　盐岩试件弹性模量变化与愈合统计表

变量	编号	围压/MPa	时间/h	轴压/MPa	ε/%	ε'/%	E'/MPa	E_1/MPa	$(1-K)/\rho$
围压	H1	10			2.563	2.251	131.97	92.72	0.1733
	H2	15			2.465	2.165	126.58	90.26	0.1707
	H3	20			2.652	2.338	130.54	91.65	0.1686
时间	H1		6		2.563	2.251	131.97	92.72	0.1733
	H4		9		2.438	2.117	130.65	101.90	0.1688
	H5		12		2.577	2.263	130.55	106.89	0.1488
轴压	H1			26	2.563	2.251	131.97	92.72	0.1733
	H6			32	3.284	2.895	127.89	107.45	0.1410
	H7			38	4.724	4.281	124.89	102.52	0.1142

为了表述的清晰和便于理解，将 $\rho/(1-K)$ 看做损伤愈合率。由表中数据可以看出：

（1）在其他变量相同情况下，盐岩随着保压围压的增加，$(1-K)/\rho$ 值在减小，即损伤的愈合率在增加，但增加呈现出减速增加的趋势，这是由于围压的增加在侧向提供了更大的压力迫使内部空隙闭合的同时，造成了另外方向的裂隙发展和损伤发育的结果。

（2）在其他变量相同情况下，随着保压时间的延长，盐岩的损伤愈合率在逐渐增加。这可以解释为盐岩作为一种弹塑性材料，三种愈合机理和流变性综合作用现象。

（3）在其他变量相同情况下，盐岩的损伤愈合率会随着初始损伤的增加而增加。这是由于初始损伤过程使盐岩内部结构发生破坏，盐岩展现出更强的塑性能力。但是不论损伤愈合量多大，所造成的损伤始终是不可能完全愈合的。所引起的裂隙发育度也在不断地增加，所以利用轴压的初始损伤量来提高盐腔稳定性与安全性管理时应当合理考虑，谨慎使用。

⬡7.4 本 章 小 结

本章基于围压作用下的盐岩损伤愈合试验，研究了损伤盐岩在三轴应力作用下的愈合特征，得到如下结论：

（1）盐岩非完全损伤过后，通过合适的围压保压可以在一定程度上人为地加强其应变恢复和损伤的愈合能力。这一现象对盐腔工程运营期保持合适压力、达到腔体结构稳定性与安全性要求，具有参考意义。

（2）围压保压状态下盐岩环向和体积应变恢复状况大致可以分为三个阶段：应变快速恢复阶段、应变减速恢复阶段与应变缓慢恢复阶段。三个阶段表现出的规律和保压期间围压大小、裂隙发育度、保压时间长短相关。但在每个阶段内三种恢复机制发挥的主次作用不同，且应变恢复的阶段性特征随不同因素会发生不同程度的变化；初始损伤度和围压的增加会使减速点和匀速点向后漂移；恢复时间越长，最后缓慢恢复段越长。

（3）初始损伤度的增加、保压期间围压的增大和时间的延长可以加强盐岩应变与损伤恢复能力。盐岩在整体恢复过程中呈现出类负指数降低的现象，但等梯度下的围压与初始损伤的增加并不能呈现恢复能力的线性增强，而是呈现出增强减弱的趋势。

（4）较大初始损伤的试样虽在保压期恢复速率较高，但并未改变恢复后损伤大小的排序；较大的围压可以促使应变恢复和损伤愈合，但过大的围压容易造成应变假恢复和损伤增加的现象。选择合适的手段增强恢复效果，是需要慎重考虑的。

⑧ 盐岩损伤与愈合之间的关系

⟨8.1⟩ 损伤愈合盐岩宏观形貌特征

8.1.1 盐岩宏观愈合试验观察样品制作

8.1.1.1 试验样品选取与准备工作

试验选取均匀度与纯度较高的巴基斯坦盐岩作为试验对象，如图 8-1 所示（100mm×50mm×50mm 盐岩原盐试件）。试样表面致密、均匀、无可见的破坏结构，呈现白色与红色结构，白色为盐岩晶体颗粒结构，红色为盐岩内部所含杂质所产生。

图 8-1　50mm×50mm×100 mm 长方形巴基斯坦原盐岩试件

8.1.1.2 盐岩宏观愈合试验设计

为得到损伤愈合宏观尺度下的多阶段对比图，试验设计准备了两种情况下的损伤断面试样组：（1）经三点弯曲形成完全断裂的盐岩试样（如图 8-2 所示）；（2）由经过角磨试验机进行压剪破坏过剪切峰值后的盐岩试样。并分别进行下述试验过程：

试样组 1：将完全断裂的盐岩试样重新拼接，在断面之间充满饱和卤水，并在断面上施加固定的物理压力，持续 3 个月，然后取出拍照记录。

试样组 2：将做压剪试验的盐岩试样在剪切力过峰值强度后立刻取出，浸泡饱和卤水后快速封存在 50℃的恒温水浴箱内，维持 6 个月，然后取出拍照记录。

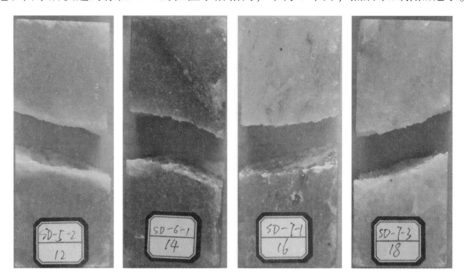

图 8-2　50mm×50mm×100mm 长方形巴基斯坦盐岩三点弯曲破坏后示意图

8.1.2　盐岩宏观愈合观察现象与分析

8.1.2.1　完全断裂盐岩试样愈合效果对比分析

从图中可以对比发现：完全断裂盐岩试样（如图 8-2 所示）在经过损伤愈合过后（如图 8-3 所示），断裂面（图中所标识红色线）再次连接在一起；愈合后，原有断面痕迹显现不明显，愈合断面内部与边缘上有少许盐岩晶体颗粒形成。愈合区域无棱角，呈现圆滑特征。根据盐岩损伤愈合机理可以推测在水环境作用下，饱和卤水在愈合断面内发生结晶作用；同时，水会使盐岩原有多棱角的地方快速发生溶蚀作用，因而愈合区域多以圆滑特征呈现，这揭示了盐岩损伤愈合与结晶有密不可分的关系。

图 8-3　50mm×50mm×100mm 长方形巴基斯坦盐岩断裂断面愈合后示意图

8.1.2.2 非完全断裂盐岩试样愈合效果对比分析

图 8-4 为经过剪切损伤至非完全断裂的盐岩试样，在经过长期的温度与水环境过后（如图 8-5 所示），试样原剪切面产生了愈合现象：原剪切面（红色线条部分）几近消失或者不能明确辨别，红色线条间断区域产生了大块状的新生结晶体覆盖了原有断面。该现象可解释为裂隙中的碎裂粉末在温度与水的共同作用下经过了溶解、迁徙与生长等作用，不再以单独的碎屑颗粒存在，而是被带离断面或在断裂面上结晶发育产生新生晶体结构的过程。

图 8-4 50mm×50mm×100mm 方形盐岩试件压剪破坏愈合前示意图

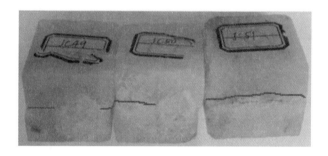

图 8-5 50mm×50mm×100mm 方形盐岩试件压剪破坏愈合后示意图

⟨8.2⟩ 盐岩损伤愈合本构模型

盐岩储库建造过程中，因水溶建腔过程中的卸荷作用对围压会产生不同程度的损伤，而上述研究表明盐岩在特定的条件下能够自行恢复，只是其恢复程度受初始损伤和恢复环境影响。前述研究结论表明，损伤恢复量受外界围压、温度、含水率、矿物成分、初始损伤状态及恢复时间长度等因素影响。但因盐穴建造过程中盐岩体同时外力作用下将同时发生损伤和恢复作用，所以分析损伤与恢复的关系，对建腔期围岩稳定性预测具有指导意义。

8.2.1　盐岩损伤-自愈合状态定义

岩石材料在外力作用下均会发生不同程度的损伤，但同时损伤岩石在适当的条件下也出现一定程度的自愈合。材料的损伤和自愈合特征一直备受相关专家关注。Kachanov（1958）率先提出利用连续变量来描述材料的缺陷程度，认为在连续损伤力学框架中，以 C_0 表示初始的无损伤无变形的结构，用 C 表示损伤变形的结构，有效结构是一个虚构体，它的微裂纹和空隙已经被忽略，由 $\overline{C}$ 表示，如图 8-6 所示。对于使用的有效状态基本概念的各向同性损伤的情况下，损伤变量为下式所定义的标量：

$$D = \frac{A - \overline{A}}{A} \tag{8-1}$$

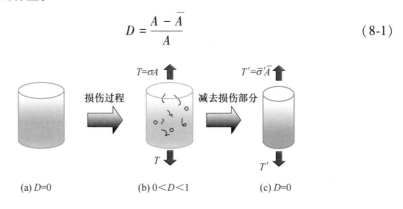

图 8-6　初始无变形和损伤状态 $C^0(a)$，损伤变形后状态 $C(b)$ 和
假设有效无损变形状态 $\overline{C}(c)$

要定义愈合变量，就要对三个新的结构的定义如下：C^d 为完全损伤变形结构，通过以下方式获得，即从总结构 C 的横截面 A，减去虚构的未损坏变形的结构 $\overline{C}$ 的横截面 $\overline{A}$：

$$A^d = A - \overline{A} = A - A(1 - D) = AD \tag{8-2}$$

式中，A^d 为总的损坏横截面。

Voyiadjis 等人（2012）研究了单轴愈合过程中的标量愈合变量，并提出一个直接的方法来描述愈合效果，即采用 Kachanov（1958）同样的方法对损伤和愈合进行的测量，假定愈合只发生在损坏的横截面 A^d。

通过从总损伤中减去部分假设的愈合损伤结构 C^h，如图 8-7 所示，则愈合变量定义如下：

$$h = \frac{A^d - A^h}{A^d}, \ 0 < h < 1 \tag{8-3}$$

式中，A^h 为损坏横截面 A^d 的愈合部分。愈合变量 $h=1$ 的情况下对应受损区域未发生愈合，即 $A^h=0$；$h=0$ 对应受损区域完全愈合 $A^h=A^d$。

最后，通过在愈合损伤结构 C^h 中减去仍然损伤的部分得到完全愈合的损伤结构 $\overline{C}^h$，如图8-8所示。

根据有效结构的基本概念，受损区域不承受载荷。然而，愈合后愈合部分横截面 A^h 能承受的载荷 T''，如图8-7和图8-8所示。这种总的愈合状态下的结构 C^{heald} 的横截面由假设有效的愈合损伤结构 C^h 的横截面和完好损伤变形 C 的横截面共同组合而成，如图8-9所示。

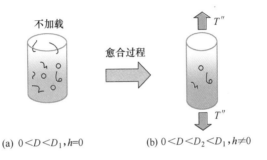

(a) $0<D<D_1,h=0$ (b) $0<D<D_2<D_1,h\neq0$

图8-7 假设减去损伤部分状态 C^d(a) 和假设损伤和愈合共存状态 C^h(b)

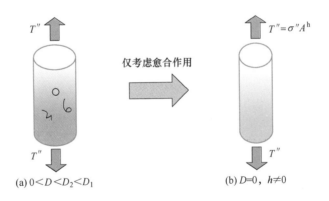

(a) $0<D<D_2<D_1$ (b) $D=0$，$h\neq0$

图8-8 假设损伤和愈合共存状态 C^h(a) 和假设完全愈合状态 $\overline{C}^h$(b)

用在愈合损伤的状态下的应力平衡来推导 C^{heald} 和 C 在应力下的必要转换方程：

$$\overline{\sigma} = \frac{\sigma}{(1-D)+D(1-h)} \tag{8-4}$$

对于压缩状态，式（8-4）同样也适应，所以盐岩损伤-自恢复状态下应力与

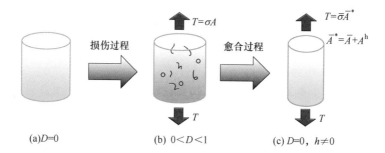

图 8-9 材料初始状态(a)，损伤变形后状态 C(b)和假设完全愈合后状态 C^{heald}（c）

有效应力满足式（8-4）。

8.2.2 建立盐岩损伤与愈合关系

为了建立盐岩损伤-愈合动态关系，先对 5.2 节中的静态损伤恢复进行损伤分析，根据表 5-3 中盐岩试件初始损伤值和自愈合值可找到一组在相同条件下的损伤-恢复数据表，见表 8-1。表 8-1 中数据表明盐岩损伤恢复量随初始损伤值增大呈先增后减的趋势，即当损伤达到一定程度时恢复作用就会减弱。这一结论与文献（Voyiadjis，2012）列出的损伤与愈合经验关系曲线趋势相似。所以，根据表 8-1 中数据可假设损伤盐岩在常温静置恢复的条件下损伤和恢复存在如下关系（如图 8-10 所示）：

$$h = \begin{cases} aD & Z(D) > aD \\ \alpha e^{-\beta_1 D + \beta_2} & Z(D) > aD \end{cases}, \quad 其中\ Z(D) = \alpha e^{-\beta_1 D + \beta_2} \tag{8-5}$$

式中，α、β_1、β_2、a 为常数，根据本章试验结果，系数 a 趋于 0~1 之间。

式（8-5）说明，盐岩损伤恢复存在最大值，即当损伤超过一定量时，在其对应的环境下自恢复作用就会逐渐减少，不利于恢复。

表 8-1 常温静置恢复条件下初始损伤值与愈合值

编 号	1	2	3	4	5	6	7
损伤值	0	0.22	0.28	0.35	0.52	0.58	0.61
愈合值	0	0.13	0.16	0.18	0.16	0.13	0.12

8.2.3 建立盐岩损伤愈合本构模型

式（8-5）已经给出了盐岩损伤-自恢复状态下应力与有效应力关系，则将式（8-5）代入盐岩三轴卸荷阶段的本构方程式（8-6）可得到卸荷状态下的损伤-愈合本构方程。

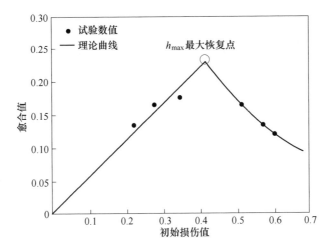

图 8-10 盐岩初始损伤值 D 与愈合值 h 关系曲线

$$\sigma = \sigma_1 - \sigma_3 = \sigma_A + \frac{\eta\varepsilon}{k+\varepsilon} \tag{8-6}$$

$$\sigma = \left[(1-D) + D(1-h) \right]\left(\sigma_A + \frac{\eta\varepsilon}{k+\varepsilon} \right) \tag{8-7}$$

盐岩损伤演化方程：

$$D = m_1 \frac{\exp\left[-b(\varepsilon_c - \varepsilon) \right] - \exp(-b\varepsilon_c)}{1 - \exp(-b\varepsilon_c)} \tag{8-8}$$

从上述分析可知，式（8-5）说明盐岩试件压缩过程中损伤与恢复的关系，同时对卸荷状态下损伤变量仍满足盐岩损伤演化方程式（8-8），这可根据盐岩的应力状态将式（8-8）和式（8-5）代入式（8-7）便可得到相应状态下的考虑损伤和愈合作用的本构方程。

8.2.4 盐岩损伤愈合本构模型的应用

盐岩损伤自愈合本构对于指导工程应用中储气内压的调整和制定安全标准方面有着重要作用。盐岩中储气库的稳定性评价标准主要涉及三个方面：储气库的稳定性、储气库的密闭性和储气库的可用性（吴文等，2005）。稳定性包括储气库的最小内压、储气库间距、储气库底板与下覆岩层之间的距离与变形量、储气库顶板岩层的厚度、储气库侧边与周边岩层的厚度、内压的变化率、地表沉降与储存库的空间尺寸与埋深，以及周边围岩的力学特性。密闭性主要包括最大内压、储气库围岩的渗透性。可使用性主要是指盐穴的空间体积及体积损失率。

8.2.4.1 储气库的密闭性

储气库的稳定性是要保证储气库在全寿命周期的稳定运行，包括建设期、运行期与关闭期。通常主要通过设计调控最小内压的方式，保证围岩的最大的破坏剪应力不超过容许值，主要是不允许出现片帮、围岩的蠕变破坏、矿柱失稳、过量的地面沉降：

（1）片帮。选择合适的岩石破坏强度准则，以短期三轴强度为参考，初步判定围岩的状态。德国常用 Hou/Lux 盐岩蠕变损伤本构模型。Hou/Lux 模型是在 Lubby2 流变模型基础上，Hou 和 Lux 利用连续介质损伤力学的理论，提出了考虑盐岩延展变形与变位、应变硬化与变形恢复、损伤及损伤愈合等变形机制，同时考虑罗德角对盐岩强度的影响。计算安全系数的倒数，即围岩强度与短期强度的比值，确定其不低于容许值。通过大量的室内试验与储气库实际运营所得，该容许值一般为 0.4~0.5。

（2）围岩的蠕变破坏。由于采气引起的内压降低以及在最小内压下所形成的储气库周边有效应变在一个运行周期内，不得超过容许值。这一容许值在不同的国家，标准不尽相同，它与储气库周边所处的盐岩蠕变力学特性有关，一般的有效应变容许值为 3%。

（3）矿柱失稳。通常情况，能源储备基地或群由多个储备库组成。为了确保储备库之间的稳定性，不受相互影响，阻断链式反应，必须保证两个储库之间的矿柱宽度在合理范围内。合理距离的确定按照两个储气库之间的矿柱（如图 8-11 所示）承受的最大应力小于岩石的长期强度，一般为短期强度的 0.25 倍来确定，预留矿柱宽度为储库半径的 1.5~3.0 倍。

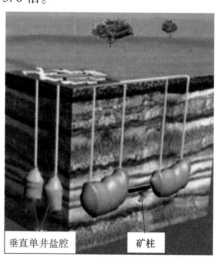

图 8-11 多盐腔之间区域的岩体为矿柱

（4）过量的地面沉降。地表沉降主要由储气库的体积收缩造成，与储气库的形状、大小和埋深有关。储气库在存储过程中，诱发围压压力的变化，导致应力重分布，从而引起地表沉降。图 8-12 是国外天然气储库地表沉降观测资料，其上覆岩层为黏土岩和砂岩。通过观测，法国 Tersanne 储气库地表中心区域的沉降量不超过 40mm。地表沉降体积变化通常占储气库体积减小量的 60%。德国 Bernburg 储气库的埋深 500~650m，储气库地标中心区域的沉降量达到 40mm 左右。地表沉降对周边建筑物的影响，可以参考地下岩土工程施工操作规范相关技术标准，主要根据地面沉降的速率和建筑物倾斜率来确定。对周围自然水体（河流、湖泊等）及公路铁路构筑物的影响，可以参考煤炭行业"三下"采煤的相关控制标准。

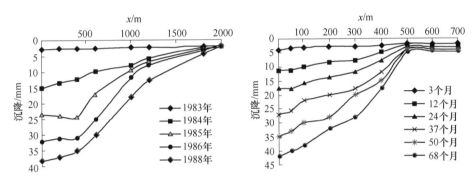

图 8-12　法国 Tersanne 储气库和德国 Bernburg 地表沉降

8.2.4.2　储气库的密闭性

储气库的密闭性即保证所存储的物质不产生泄漏，确保其漏失量在一定的允许范围内。在设计上主要考虑存储的最大内压设计原则。为了保证储气库盐穴本身的密闭性，周围低渗岩层也必须达到一定的厚度。具体介绍如下：

（1）渗透率。盐岩具有非常低的渗透率，诸多学者采用动态脉冲法测试盐岩的渗透率，均低至 $10^{-22} \sim 10^{-20} \mathrm{m}^2$。Bérest 等人对盐腔开展了长期的现场渗透测试，其结果表明盐岩的渗透率可低至 $10^{-21} \sim 10^{-19} \mathrm{m}^2$；Stormont 等人甚至通过现场测试指出，即使盐岩中含有较高的杂质或者含有众多夹层时，其渗透率仍低于 $10^{-18} \mathrm{m}^2$。在美国的 WIPP 对没有损伤的盐岩测得的盐岩渗透率是 $10^{-21} \mathrm{m}^2$；1994 年在 Etrez 的储存库（深度 1000m）的盐岩中进行了为期 1 年的现场渗透测试，根据达西定律计算得到在 200m 没有砌垫层井筒中盐岩的渗透率为 $6 \times 10^{-20} \mathrm{m}^2$；2001 年在 Etrez 和 Tersanne 的储存库进行了相似的盐岩现场渗透测试，其结果分别为 $4.6 \times 10^{-21} \sim 1.9 \times 10^{-20} \mathrm{m}^2$，$8.6 \times 10^{-22} \sim 3.2 \times 10^{-21} \mathrm{m}^2$。假如渗透率为 $10^{-20} \mathrm{m}^2$，储存压力（如 10MPa）大于孔隙压力，储存库的体积为 $100000 \mathrm{m}^3$，则储存库每年的气体渗透量只有 $1 \mathrm{m}^3$。盐岩具有如此低的渗透特性，为保证储存库的密闭性

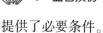

提供了必要条件。

（2）最大内压。为了确保盐岩储存库的密闭性，必须限制储存库的最大储存压力，其准则是在最大内压作用下不能增加盐岩的渗透率。在储存库内，若储存压力过高，将导致盐岩的平均应力增高，当平均应力达到某一个极限值时，盐岩就会发生损伤破坏。盐岩的损伤起始临界值与盐岩储存库所处的应力状态有关。一些研究者提出了各自的盐岩损伤扩容边界线。

当盐岩中的应力处于损伤扩容边界线的下方时，盐岩不会发生损伤，当应力超过损伤扩容边界线后，盐岩将发生损伤，盐岩一旦发生损伤，其渗透率就将增加，就可能造成储存库漏气而丧失储存库的密闭性。

（3）盖层厚度。我国的多数盐岩为薄层盐岩，没有像德国和美国等国家有大量的盐丘作为地下能源储存库的良好介质，如湖北省的应城盐矿和江苏省的金坛盐矿都属于薄层盐岩。为了利用我国的盐岩作为能源（石油和天然气）地下储存库，可能只有选择薄盐层储存库。保证储存库密闭性的关键因素就看有没有具有渗透率低、厚度大的岩层（如泥岩、页岩和其他岩层），在这种情况下，盐层上部的盖层岩体必须承担密闭天然气的作用。最大允许内压为静水压力和盖层岩体的气体进入压力之和。静水压力随着深度的增加而增加，气体进入压力与岩体的水饱和度有关，需要通过实验室试验确定。

8.2.4.3　储气库的可使用性

储存库的可使用性主要指储存库的体积在运行期间，由于盐岩的蠕变使其体积发生收敛减少，其准则是体积收敛减少量不能影响储存库的正常使用。在储库频繁的注采气过程中盐岩将产生蠕变，使盐穴的体积产生收缩，当储气库的体积收敛量超过某一极限值时，盐穴就不再适合储存天然气。位于美国密西西比的 Eminence 盐丘储存库在运行很短的时间就发生了储存库体积的大量减少，由于盐岩在循环压力作用下产生蠕变，在 2 年中（1970 年 5 月~1972 年 4 月），储存库的底板隆起量达 36m，体积损失超过 40%。资料显示法国南部 Tersanne 储存库场地的 Te02 库的体积收缩，在 1970 年 9 月~1979 年 7 月期间，储存库的平均压力保持在较高的水平（18MPa），但变化相对较大，运行 9 年后体积收缩 35%。

实际上，任何盐岩储存库的体积都会因盐岩蠕变产生收缩，产生体积变形的外力主要来自储存库上覆岩层的压力与储存库内压的变化。当盐岩发生向储存库内部方向的蠕变时，储存库的体积就会产生收缩。在储存库运行初期，对于埋深 1000m 的储存库来说，典型的收缩率为 -3×10^{-4}/年，对于埋深 2000m 的储存库来说，典型的收缩率为 -3×10^{-2}/年。但是，当运行一段时间以后，储存库的体积收缩率的变化将会变得缓慢，当储存库中压力升高到与上覆岩层的压力相等时，储存库的体积收缩将停止。

8.2.4.4 损伤愈合特性对储气库设计的意义

将损伤愈合模型引入盐岩储存库的研究与设计，给盐岩地下储存库研究与设计注入了新的活力。盐岩具有与其他岩石不一样的特点，即盐岩的损伤具有可恢复性和盐岩具有较大的蠕变特性，这一特性对于能源储存是非常有利的。因为能源储存库一直在加压和卸压的反复载荷作用下，储存库的稳定性是至关重要的。德国、美国、加拿大等国家正在对盐岩的损伤愈合特性进行广泛的研究，取得了一些重要的研究成果，他们提出了考虑盐岩的损伤及损伤恢复特性的新的设计方法和新的设计准则，建立了用于有限元计算的盐岩损伤与损伤恢复本构模型。其新理论也正在德国和美国的能源储存库的运行中获得应用，应用新理论设计的储存库使用最长的已有 4 年时间（德国）。考虑盐岩的损伤及恢复特性的储存库的最低内压由原来的设计方法的 7.0MPa 降低到 4.0MPa，考虑到一定的安全系数，最后确定储存库的最低内压为 5.0MPa，提高了储存库的经济效益，获得了储存单位的广泛认同。目前，在美国、加拿大和欧洲一些国家还在对盐岩的损伤与恢复特性方面进行大量的研究，这是一个非常活跃的研究领域。

8.3 本章小结

本章从盐岩愈合宏观试验现象入手，对宏观愈合表面形貌进行特征分析，直观的说明了愈合作用对盐岩力学作用的影响；探讨了盐岩损伤与愈合的关系，并基于前期试验数据，建立了盐岩损伤与愈合之间的关系式及考虑损伤愈合作用的本构方程；以 Hou/Lux 模型为例，介绍了盐岩损伤自愈合模型对于指导工程应用中储气内压的调整和制定安全标准方面的重要作用。

参 考 文 献

[1]《正交试验法》编写组．正交试验法［M］．北京：国防工业出版社，1976.

[2] 蔡美峰．岩石力学与工程［M］．北京：科学出版社，2002.

[3] 曹辉，杨小聪，解联库，等．某矿岩石力学特性及力学参数相关性研究［J］．中国矿业，2010（7）：84-87.

[4] 曹树刚，刘延保，李勇，等．煤岩固-气耦合细观力学试验装置的研制［J］．岩石力学与工程学报，2009，28（8）：1681-1690.

[5] 曹文贵，张升．基于Mohr-Coulomb准则的岩石损伤统计分析方法研究［J］．湖南大学学报，2005，32（1）：43-47.

[6] 曹文贵，张升，赵明华．基于新型损伤定义的岩石损伤统计本构模型探讨［J］．岩土力学，2006，27（1）：41-46.

[7] 曹文贵，赵衡，张永杰，等．考虑体积变化影响的岩石应变软硬化损伤本构模型及参数确定方法［J］．岩土力学，2011，3（32）：647-653.

[8] 陈锋．盐岩力学特性及其在储气库建设中的应用研究［D］．武汉：中国科学院武汉岩土所，2006.

[9] 陈剑文，杨春和，冒海军．升温过程中盐岩动力特性实验研究［J］．岩土力学，2007，28（2）：231-236.

[10] 陈结．含夹层盐穴建腔期围岩损伤灾变诱发机理及减灾原理研究［D］．重庆：重庆大学，2012.

[11] 高小平，杨春和，吴文，等．温度效应对盐岩力学特性影响的试验研究［J］．岩土力学，2005，26（11）：1775-1778.

[12] 高小平，杨春和，吴文，等．盐岩蠕变特性温度效应的实验研究［J］．岩石力学与工程学报，2005，24（12）：2054-2059.

[13] 龚囱，曲文峰，行鹏飞，等．岩石损伤理论研究进展［J］．铜业工程，2011，107（1）：7-11.

[14] 郭印同，杨春和，付建军．盐岩三轴卸荷力学特性试验研究［J］．岩土力学，2012，3：725-730，738.

[15] 韩放，纪洪广，张伟．单轴加卸荷过程中岩石声学特性及其与损伤因子关系［J］．北京科技大学学报，2007，29（5）：452-455.

[16] 韩静涛，赵钢，曹起骧．20MnMo钢内裂纹修复规律的研究［J］．中国科学E辑：技术科学，1997，27（1）：198-202.

[17] 侯正猛，吴文．利用Hou/Lux本构模型考虑蠕变破坏标准和损伤改进盐岩储存硐库的设计［J］．岩土工程学报，2003，25（1）：104-108.

[18] 姜德义，陈结，任松，等．盐岩单轴应变率效应与声发射特征试验研究［J］．岩石力学与工程学报，2012，31（2）：326-336.

[19] 介万奇．晶体生长原理与技术［M］．北京：科学出版社，2010.

[20] 李佳．单轴和双轴压缩下裂隙性岩石力学特性试验研究［D］．成都：西南交通大

学，2014.

[21] 李林，陈结，姜德义，等．单轴条件下层状盐岩的表面裂纹扩展分析［J］．岩土力学，2011，5：1394-1398.

[22] 李世愚，和泰名，尹祥础，等．岩石断裂力学导论［M］．合肥：中国科学技术大学出版社，2010.

[23] 李术才，朱维申．加锚节理岩体断裂损伤模型及其应用［J］．水利学报，1998，8：53-57.

[24] 李树春，许江，李克钢．基于初始损伤系数修正的岩石损伤统计本构模型［J］．四川大学学报，2007，39（4）：41-44.

[25] 李廷春，吕海波．三轴压缩载荷作用下单裂隙扩展的 CT 实时扫描试验［J］．岩石力学与工程学报，2010，29（2）：289-296.

[26] 李志强．混凝土损伤自愈合能力影响因素研究［D］．济南：济南大学，2011.

[27] 梁卫国，徐素国，莫江，等．盐岩力学特性应变率效应的试验研究［J］．岩石力学与工程学报，2010，29（1）：43-50.

[28] 梁卫国，徐素国，赵阳升．损伤岩盐高温再结晶剪切特性的试验研究［J］．岩石力学与工程学报，2004，23（20）：3413-3417.

[29] 梁卫国，徐素国，赵阳升，等．盐岩蠕变特性的试验研究［J］．岩石力学与工程学报，2006，25（7）：1386-1390.

[30] 刘建峰，徐进，杨春和，等．盐岩拉伸破坏力学特性的试验研究［J］．岩土工程学报，2011，33（4）：580-586.

[31] 刘江，杨春和，吴文，等．盐岩短期强度和变形特性试验研究［J］．岩石力学与工程学报，2006，25（增1）：3104-3109.

[32] 刘亮明，吴延之．剪切应力作用下晶质矿物的化学行为及其地质意义［J］．地质与勘探，1996，32（4）：26-31.

[33] 刘学文，林吉中，哀祖贻．应用声发射技术评价材料疲劳损伤的研究［J］．中国铁道科学，1997，18（4）：74-81.

[34] 刘洋，赵明阶．基于分形与损伤理论的岩石声－应力相关性理论模型研究［J］．岩土力学，2009，30（增1）：47-52.

[35] 陆银龙，王连国，杨峰，等．软弱岩石峰后应变软化力学特性研究［J］．岩石力学与工程学报，2010，29（3）：640-648.

[36] 李银平，刘江，杨春和．泥岩夹层对盐岩变形和破损特征的影响分析［J］．岩石力学与工程学报，2006，25（12）：2461-2466.

[37] 李银平，蒋卫东，刘江，等．湖北云应盐矿深部层状盐岩直剪试验研究［J］．岩石力学与工程学报，2007，26（9）：1767-1772.

[38] 罗谷风．结晶学导论［M］．北京：地质出版社，1985.

[39] 马洪岭．超深地层盐岩地下储气库可行性研究［D］．武汉：中国科学院武汉岩土所，2010.

[40] 钱海涛，谭朝爽，李守定，等．应力对盐岩溶蚀机制的影响分析［J］．岩石力学与工程

学报，2010，29（4）：757-763.

［41］任松，白月明，姜德义，等 . 周期载荷作用下盐岩声发射特征试验研究［J］. 岩土力学，2012，33（6）：1613-1619.

［42］任松，白月明，姜德义，等 . 温度对盐岩疲劳特性影响的试验研究［J］. 岩石力学与工程学报，2012，31（9）：1039-1045.

［43］史瑾瑾 . 岩石冲击损伤特性与冲击压力的实验研究［J］. 现代矿业，2009（6）：24-26.

［44］史丽君 . 考虑损伤恢复的盐岩流变损伤模型［D］. 天津：河北工业大学，2013.

［45］孙成栋 . 岩石声学测试［M］. 北京：地质出版社，1981：124-128.

［46］谭练武 . 沥青混合料损伤愈合性能评价方法研究［D］. 长沙：湖南大学，2014.

［47］唐明明，王芝银，丁国生 . 淮安盐岩及含泥质夹层盐岩应变全过程试验研究［J］. 岩石力学与工程学报，2010，29（增1）：2712-2720.

［48］万志军，李学华，刘长友 . 加载速率对岩石声发射活动的影响［J］. 辽宁工程技术大学学报（自然科学版）2001，29（1）：469-471.

［49］王雷 . 盐岩剪切损伤自愈合试验研究［D］. 重庆：重庆大学，2014.

［50］王清明 . 第二讲盐矿是怎样形成的［J］. 井矿盐技术，1979（1）：37-41.

［51］王清明 . 盐类矿床水溶开采［M］. 北京：化学工业出版社，2003.

［52］王玉庆，周本濂 . 国外对材料自愈合的研究［C］//国家自然科学基金委员会 . 材料自愈合、自愈合学术研讨会，北京，1997.

［53］王者超 . 盐岩非线性蠕变损伤本构模型研究［D］. 武汉：中国科学研究生院武汉岩土所，2006.

［54］韦立德，徐卫亚，杨春和 . 考虑塑性变形的岩石损伤本构模型初步研究［J］. 岩石力学与工程学报，2005，24（增2）：5598-5603.

［55］伍向阳 . 岩石的应力松弛、应变硬化和应变软化［J］. 地球物理学进展，1996，11（4）：71-76.

［56］吴文 . 盐岩的静、动力学特性实验研究与理论分析［D］. 武汉：中国科学院武汉岩土力学研究所，2003.

［57］吴文，侯正猛，杨春和 . 盐岩中能源（石油和天然气）地下储存库稳定性评价标准研究［J］. 岩石力学与工程学报，2005（14）：2497-2505.

［58］肖纪美 . 抗断裂的材料设计［J］. 金属学报，1997，2：113-125.

［59］谢和平，鞠扬，董毓利 . 经典损伤定义中的"弹性模量法"探讨［J］. 力学与实践，1997，19（2）：1-5.

［60］余寿文，冯西桥 . 损伤力学［M］. 北京：清华大学出版社，1997.

［61］许江，李树春，唐晓军，等 . 单轴压缩下岩石声发射定位实验的影响因素分析［J］. 岩石力学与工程学报，2008，27（4）：765-772.

［62］徐素国，梁卫国，赵阳升 . 钙芒硝岩盐水溶特性的实验研究［J］. 辽宁工程技术大学学报，2005（1）：5-7.

［63］杨春和，周宏伟，李银平，等 . 大型盐穴储气库群灾变机理与防护［M］. 北京，科学出版社，2013.

［64］ 杨圣奇, 徐卫亚, 苏承东. 考虑尺寸效应的岩石损伤统计本构模型研究 ［J］. 岩石力学与工程学报, 2005, 24 （24）: 4484-4490.

［65］ 杨仕教, 曾晟, 王和龙. 加载速率对石灰岩力学效应的试验研究 ［J］. 岩土工程学报, 2005, 27 （7）: 786-788.

［66］ 姚院峰, 杨春和, 纪文栋. 基于直剪试验的金坛盐岩力学特性研究 ［J］. 岩石力学与工程学报, 2011, 30 （增1）: 2690-2696.

［67］ 殷正钢. 岩石破坏过程中的声发射特征及其损伤实验研究 ［D］. 长沙: 中南大学, 2005.

［68］ 尹贤刚, 李庶林, 唐海燕, 等. 岩石破坏声发射平静期及其分形特征研究 ［J］. 岩石力学与工程学报, 2009, 28 （增2）: 3383-3390.

［69］ 余丽珍. 岩盐封闭性评价技术在含油气系统中的应用 ［J］. 资源环境与工程, 2008 （3）: 348-352.

［70］ 于骁中. 岩石和混凝土断裂力学 ［M］. 长沙: 中南工业大学出版社, 1991.

［71］ 张晖辉, 颜玉定, 余怀忠, 等. 循环载荷下大试件岩石破坏声发射实验——岩石破坏前兆的研究 ［J］. 岩石力学与工程学报, 2004, 23 （21）: 3621-3628.

［72］ 张慧梅, 杨更社. 冻融与载荷耦合作用下岩石损伤模型的研究 ［J］. 岩石力学与工程学报, 2010, 29 （3）: 471-476.

［73］ 赵东宁, 黄志全, 于怀昌, 等. 灰质泥岩压密段变形分析与能量传递研究 ［J］. 铁道建筑, 2013 （12）, 87-90.

［74］ 赵晓鹏, 周本濂, 罗春荣, 等. 具有自修复行为的智能材料模型 ［J］. 材料研究学报, 1996, 10 （1）: 101-104.

［75］ 郑万里. 沥青损伤愈合性能试验研究 ［D］. 长沙: 湖南大学, 2014.

［76］ 钟志平. 大型筒体锻件组织性能控制与高温微裂纹修复实验研究 ［D］. 北京: 清华大学, 1998.

［77］ 周宏伟, 何金明, 武志德. 含夹层盐岩渗透特性及其细观结构特征 ［J］. 岩石力学与工程学报, 2009, 28 （10）: 2068-2073.

［78］ 朱其志, 胡大伟, 周辉, 等. 基于均匀化理论的岩石细观力学损伤模型及其应用研究 ［J］. 岩石力学与工程学报, 2008, 27 （2）: 266-272.

［79］ Alkan H, Cinar Y, Pusch G. Rock salt dilatancy boundary from combined acoustic emission and triaxial compression tests ［J］. International Journal of Rock Mechanics and Mining Sciences, 2007, 44 （1）: 108-119.

［80］ Bérest P, Bergues J, Brouard B, et al. A salt cavern abandonment test ［J］. International Journal of Rock Mechanics and Mining Sciences, 2001, 38 （3）: 357-368.

［81］ Berest P, Brouard B. Safety of salt caverns used for underground storage ［J］. Oil & Gas Science and Technology-Rev., IFP, 2003, 58 （3）: 361-384.

［82］ Boucly P. In situ experience and mathematical representation of the behavior of rock salt used in storage of gas ［C］// Proc. 1st Conf. Mech. Beh. of Salt, 1984: 453-471.

［83］ Brantley S L, Evans B, Hickman S H, et al. Healing of microcracks in quartz: implications for fluid flow [J]. Geology, 1990, 18: 136-139.

[84] Chan K S, Munson D E, Fossum A F, et al. A constitutive model for representing couple creep, fracture, and healing in rock salt [R]. The U. S. Department of Energy, 1996.

[85] Chan K S, Munson D E, Bodner S R, et al. Cleavage and creep fracture of rock salt [J]. Acta Material, 1995, 44: 3553-3565.

[86] Chan K S, Bodner S R, Munson D E, et al. A constitutive model for representing coupled creep fracture and healing in rock salt [C]// Proceedings of the 4th Conference on the Mechanical Behavior of Salt, Germany, 1996: 211-234.

[87] Chan K S, Munson D E, Bonder S R. Recovery and healing of damage in WIPP salt [J]. International Journal of Damage Mechanics, 1998, 7 (2): 143-166.

[88] Chen Y Q. Observation of microcracks patterns in Westerly granite specimens stressed immediately before failure by uniaxial compressive loading [J]. International Journal of Rock Mechanics and Mining Sciences and Geomechanics Abstracts, 2008, 27 (12): 2440-2448.

[89] DeMeer S, Spiers C, Nakashima S. Structure and diffusive properties of fluid-filled grain boundaries: an in-situ study using infrared (micro) spectros-copy [J]. Earth and Planetary Science Letters, 2005, 232: 403-414.

[90] Derek H. Fractography observing measuring and interpreting fracture surface topography [M]. Cambridge: Cambridge University Press, 1999.

[91] Desbois G, Urai J L, Kukla P A. Morphology of the pore space in clay stones evidence from BIB/FIB ion beam sectioning and cryo-SEM observations [J]. eEarth, 2009, 4: 15-22.

[92] Desbois G, Urai J L, Kukla P A, et al. Distribution of brine in grain boundaries during static recrystallization in wet, synthetic halite: Insight from broad ion beam sectioning and SEM observation at cryogenic temperature [J]. Contributions to Mineralogy & Petrology, 2012, 163 (1): 19-31.

[93] Desbois G, Zavada P, Schleder, Z, et al. Deformation and recrystallization mechanisms in naturally deformed salt fountain: Microstructural evidence for a switch in deformation mechanisms with increased availability of meteoric water and decreased grain size (Qum Kuh, central Iran) [J]. Journal of Structural Geology, 2010, 32 (4): 580-594.

[94] Desbois G, Urai J L, Bresser J H P D. Fluid distribution in grain boundaries of natural fine-grained rock salt deformed at low differential stress (Qom Kuh salt fountain, central Iran): Implications for rheology and transport properties [J]. Journal of Structural Geology, 2012, 43 (7): 128-143.

[95] Dimanov A, Dresen G, Xiao X, et al. Grain boundary diffusion creep of synthetic anorthite aggregates: the effect of water [J]. Journal of Geophysical Research, 1999, 104: 83-97.

[96] Francois R D D, Jens F, Bjorn J. Healing of fluid-filled microcracks [C]//Proceedings of the Second Biot Conference on Poromechanics, Grenoble, France, 2002, 8: 26-28.

[97] Fuenkajorn K, Phueakphum D, Jandakaew M. Healing of rock salt fractures [C]//Proceeding of the 38th Engineering Geology & Geotethnical Engineering Symposium, 2003.

［98］ Fuenkajorn K, Phueakphum D. Laboratory assessment of healing of fractures in rock salt ［J］. Bull Eng Geol Environ, 2011, 5 (20): 665-672.

［99］ Ghoussoub J, Leroy Y M. Solid-fluid phase transformation within grain boundaries during compaction by pressure solution ［J］. Journal of the Mechanics and Physics of Solids, 2001, 49 (10): 2385-2430.

［100］ Houben M E, Hove A T, Peach C J, et al. Crack healing in rocksalt via diffusion in adsorbed aqueous films: Microphyysical modelling versus experiments ［J］. Physical and Chemistry of the Earth, 2012, 64: 95-104.

［101］ Hult J. Continuum Damage and Fracture ［J］. Theory and Applications, 1979 (14): 233-347.

［102］ Hunsche U. Determination of the dilatancy boundary and damage up to failure for four types of rock salt at different stress geometries ［C］// The Mechanical Behavior of Salt Proc. 4th Conf, 1996: 163-174.

［103］ Kachanov L M. Time of the rupture process under creep conditions, Izy Akad ［J］. Nank S. S. R. Otd Tech Nauk, 1958, 8: 26-31.

［104］ Kawamoto T I Y, Kyoya T. Deformation and fracturing behavior of discontinuous rock mass damage mechanics theory ［J］. International Journal of Numerical Analysis Method in Geomechanics, 1988, 12 (1): 1-30.

［105］ Krajcinovic D, Silva M A G. Statistical aspects of the continuous damage theory ［J］. International Journal of Solids and Structures, 1982, 18 (7): 551-562.

［106］ Krajcinovic D. Constitutive equation for damaging materials ［J］. Journal of Applied Mechanics, 1983, 50 (2): 355.

［107］ Lemaitre J. A continuous damage mechanics model for ductile fracture ［J］. Journal of Engineering Materials and Technology, ASME, 1985, 107 (1): 83-89.

［108］ Lemaitre J. How to use damage mechanics ［J］. Nuclear Engineering and Design, 1984 (80): 233-245.

［109］ Lemaitre J. Local approach of fracture ［J］. Engineering Fracture Mechanics, 1986 (5): 523-537.

［110］ Lemaitre J. Micro-mechanics of crack initiation ［J］. Engineering Fracture Mechanics, 1990 (42): 87-99.

［111］ Lux K H, Hou Z M, Duesterlohn U. Neue aspekte zum tragverhaltenvon salzkavernen und zu ihrem geotechnischen Sicherheitnachweise, teil 2: beispielrechnungen mit dem neuen stoffmodell ［J］. Erdöl ErdgasKohle, 1999 (4): 198-206.

［112］ Miao S, Wang M L, Schreyer H L. Constitutive models for healing of materials with application to compaction of crushed rock salt ［J］. J. Eng. Mech. ASCE, 1995, 10 (121): 1122-1129.

［113］ Nancy S, Brodsky. Crack closure end healing studies in WIPP salt using compressional wave velocity and Attenuation Measurements ［R］. Test Methods and Results, 1990.

［114］ Nishiyama T, Kusuda H. Identification of pore spaces and microcracks using fluorescent resins

[J]. International Journal of Rock Mechanics and Mining Sciences and Geomechanics Abstracts, 1994, 31 (4): 369-375.

[115] Olgaard D L, Fitz G J D. Evolution of pore microstructures during healing of grain boundaries in synthetic calcite rocks [J]. Contributions to Mineralogyand Petrology, 1993, 115: 138-154.

[116] Piazolo S, Bestmann M, Prior D J, et al. Temperature dependent grain boundary migration in deformed-then-annealed material: Observations from experimentally deformed synthetic rocksalt [J]. Tectonophysics, 2006, 427: 55-71.

[117] Poirier J P. Creep of crystals-high-temperature deformation processes in metals, ceramics and minerals [M]. Cambridge: Cambridge University Press, 1985.

[118] Popp T, Kern, H, Schulze O. Evolution of dilatancy and permeability in rock salt during hydrostatic compaction and triaxial deformation [J]. Journal of Geophysical Research, 2001, 106: 4061-4078.

[119] Quast P, Schmidt M W. Disposal of medium and low-level radioactivewaste in leached caverns [C]// Proc. 6th Symp. on Salt, 1983: 217-234.

[120] Rabotnov Y N. Creep rupture [M]. Applied Mechanics. Berlin: Springer, 1969: 342-349.

[121] Schenk O, Urai J L. Microstructural evolution and grain boundary structure during static recrystallization in synthetic polycrystals of sodium chloride containing saturated brine [J]. Contributions to Mineralogy and Petrology, 2004, 146: 671-682.

[122] Schenk O, Urai J L. The migration of fluid-filled grain boundaries in recrystallizing synthetic bischofite: First results of in situ high-pressure, high-temperature deformation experiments in transmitted light [J]. J Metamorph Geol, 2005, 23: 695-709.

[123] Schoenherr J, Urai J, Kukla P A, et al. Limits to the sealing capacity of rocksalt : a case study of the Infra Cambrian Ara Salt from the South Oman Salt Basin [J]. AAPG Bull, 2007, 91 (11): 1541-1557.

[124] Staupendahl G, Schmidt M W. Field investigations in the long-term deformational behavior of a 100000 cavity at the Asse salt mine [C]// In: Proc. 1st Conf. Mech. Beh. of Salt. Clausthal-Zellerfeld: Trans. Tech. Publ. , 1984: 511-526.

[125] Stormont J C. In situ gas permeability measurements to delineate damage in rock salt [J]. International Journal of Rock Mechanics and Mining Sciences & Geomechanics Abstract, 1997, 34 (7): 1055-1064.

[126] Takenchi S, Argon A S. Steady-state creep of single-phase crystalline matter at high temperature [J]. Journal of Materials Science, 1976, 11: 1542-1566.

[127] Tang C A, Xu X H. Evolution and propagation of material defects and Kaiser effect function [J]. Journal of Seismological Research, 1990, 13 (2): 203-213.

[128] Heege J H, Bresser J H P, Spiers C J. Dynamic recrystallization of wet synthetic polycrystalline halite: dependence of grain size distribution on flow stress, temperature and strain [J]. Tectonophysics, 2005, 39 (1-2): 35-57.

[129] Urai J L, Means W D, Lister G S. Dynamic recrystallization of minerals [C]. Mineral and

Rock Deformation: Laboratory Studies-The Paterson Volume. American Geophysical Union, Geophysical Monograph. 1986, 36: 161-199.

[130] Urai J L, Schle'der Z, Spiers C, et al. Flow and transport properties of salt rocks [C]// Dynamics of Complex Intracontinental Basins: The Central European Basin System. Springer-Verlag, Berlin-Heidelberg, 2008: 277-290.

[131] Urai J L, Spiers C J, Zwart H J, et al. Weakening of rock salt by water during long-term creep [J]. Nature, 1986, 324 (6097): 554-557.

[132] Voyiadjis G Z, Shojaei A, Li G Q, et al. Thermodynamic consistent damage and healing model for self healing materials [J]. International Journal of Plasticity, 2010, 27 (7): 1025-1044.

[133] Voyiadjis G Z, Shojaei A, Li G Q, et al. Continuum damage-healing mechanics with introduction to new healing variables [J]. International journal of damage mechanics, 2012, 21: 391-414.

[134] Wawersik W R, Fairhurat C A. Study of brittle rock fractures in laboratory compression experiments [J]. International Journal Rock Mechanics Mine Sciences, 1970, 7 (5): 561-575.

[135] Zhu C, Arson C. A model of damage and healing coupling halite thermo-mechanical behavior to microstructure evolution [J]. Geotechnical and Geological Engineering, 2015, 33 (2): 389-410.

[136] Zubtsov S, Renard F, Gratier J P, et al. Experimental pressure solution compaction of synthetic halite/calcite aggregates [J]. Tectonophysics, 2004, 385 (1-4): 45-57.